VISITE

A

DIVERS OBSERVATOIRES

D'EUROPE.

NOTES DE VOYAGE,

Par M. J. PERROTIN,

Directeur de l'Observatoire de Nice.

PARIS,

GAUTHIER-VILLARS, IMPRIMEUR-LIBRAIRE

DU BUREAU DES LONGITUDES, DE L'ÉCOLE POLYTECHNIQUE,

SUCCESSEUR DE MALLET-BACHELIER,

Quai des Augustins, 55.

1881

VISITE

A

DIVERS OBSERVATOIRES

D'EUROPE.

PARIS. — IMPRIMERIE DE GAUTHIER-VILLARS,
Quai des Augustins, 55.

INTRODUCTION.

———

Les Notes que nous publions ont été prises pendant un voyage de trois mois que nous avons fait dans divers Observatoires d'Europe, durant la seconde moitié de l'année 1880, sur l'offre généreuse de M. Bischoffsheim.

Le Président du Bureau des Longitudes, M. Faye, avait bien voulu nous remettre, au nom de ce corps savant, des lettres d'introduction auprès de plusieurs astronomes étrangers. Cette haute recommandation et la notoriété du fondateur de l'Observatoire de Nice, dont la réputation de libéralité scientifique n'est plus à faire, nous ont rendu ce voyage facile et nous ont valu partout un accueil bienveillant, souvent empressé, et de nombreux témoignages de sympathie auxquels nous n'aurions pas osé prétendre.

Que tous veuillent bien recevoir ici nos plus vifs et plus sincères remercîments, et considérer ces quelques pages comme la très faible expression de notre profonde et inaltérable reconnaissance.

Les divers Observatoires se suivent dans l'ordre où nous les avons visités.

VISITE

A

DIVERS OBSERVATOIRES

D'EUROPE.

STRASBOURG.

En attendant l'installation complète du nouvel Observatoire de l'Université, M. Winnecke s'est établi provisoirement dans les bâtiments de l'ancienne Faculté des Sciences. Il dispose d'une lunette méridienne de Cauchoix, d'un chercheur de comètes et de divers instruments ayant servi à l'observation du passage de Vénus.

La lunette méridienne de 4 pouces d'ouverture appartenait à la Faculté française ; elle est installée sur une voûte, au-dessus du troisième étage, à la place qu'elle occupait avant 1870. Elle a reçu un nouveau micromètre ; en outre, un arc d'une étendue de 8°, finement divisé, dont on pointe les divisions à l'aide d'un microscope micrométrique fixé sur le tube de la lunette, à côté de l'oculaire, a été placé contre l'un des piliers pour des observations de déclinaison; un petit miroir convexe a été collé contre la face intérieure du flint pour l'éclairage du champ, et l'on peut obtenir les fils éclairés sur champ obscur. Cet instrument est utilisé pour la détermination de l'heure, les observations de la Lune et des planètes.

Le chercheur de comètes, monté par Repsold, est placé sur l'arête d'un toit sous une cabane mobile, qu'on peut repousser vers le nord ou vers le sud, de manière à mettre l'instrument tout à fait à découvert; le pied qui porte la lunette consiste en une chaise en bois, solidement construite, qui pivote autour d'un axe vertical et sur laquelle s'asseoit l'observateur; la lunette est fixée sur l'un des côtés d'un cadre en bois, mobile dans le sens de la hauteur autour du barreau supérieur de la chaise, et équilibrée par des poids sur le côté opposé; un mécanisme placé à la portée de la main sert à produire des mouvements dans les deux sens, d'une manière commode. La monture azimutale est particulièrement avantageuse pour les chercheurs de comètes, car elle permet de parcourir le ciel suivant des parallèles à l'horizon, et cette circonstance, en facilitant les recherches dans les régions les plus voisines du Soleil, augmente les chances de découverte.

Plusieurs comètes nouvelles ont été trouvées à l'aide de ce chercheur.

Les instruments du passage de Vénus consistent en

deux héliomètres, un équatorial et une lunette brisée,
installés dans un terrain voisin acquis à cette intention.
Cet emplacement laisse beaucoup à désirer, car l'horizon
y est limité de tous côtés par des arbres et des maisons
jusqu'à une assez grande hauteur. Malgré ces conditions
défavorables, M. Winnecke et ses assistants, MM. Schur
et Hartwig, y ont fait de nombreux et importants travaux,
parmi lesquels il convient de citer des mesures du diamètre du Soleil et des planètes, des mesures des Pléiades,
des satellites de Jupiter, dont M. Schur se propose de
refaire les Tables, des observations relatives à la libration
de la Lune. M. Winnecke s'est plus particulièrement
attaché aux nébuleuses et a déterminé la position de plus
de cinq cents de ces astres en les comparant à des étoiles
en général très voisines. L'instrument dont il s'est servi
est un équatorial de 6 pouces de MM. Repsold, avec mouvement d'horlogerie, présentant tous les caractères des
instruments de ce genre livrés par ces constructeurs.
La vis du micromètre butte par son extrémité contre une
seconde vis à tête divisée qui permet de déplacer l'origine et d'observer dans une même portion du champ
de la lunette avec diverses parties du pas de la vis. De
l'oculaire, l'observateur peut produire des petits mouvements, non seulement en déclinaison, mais aussi en
ascension droite. L'axe horaire peut prendre des incli-
naisons variables pour les observations à diverses latitudes ; mais, de plus, la lunette peut se rabattre sur l'axe
de déclinaison de manière que l'axe optique décrive un

plan perpendiculaire à l'axe horaire, et cette disposition, combinée avec la précédente, permet de faire parcourir à l'axe de la lunette un grand cercle déterminé de la sphère céleste, ce qui est un avantage précieux pour la recherche de certains astres, des comètes par exemple, dont l'orbite, pendant un temps assez court, se confond avec un arc de grand cercle. Une vis sert à éloigner la lunette du parallélisme dans un sens ou dans l'autre, de manière à augmenter le champ des recherches.

L'activité déployée jusqu'ici avec des moyens relativement faibles laisse entrevoir ce que sera cet Observatoire dans l'avenir, lorsque le personnel, guidé par l'un des astronomes les plus distingués de l'Allemagne, sera mis en possession des nouveaux instruments, construits avec tous les perfectionnements que comportent de nos jours l'Optique et la Mécanique, et pour l'installation desquels aucun sacrifice n'a été épargné.

Le nouvel Observatoire est situé au nord-est, à côté de la citadelle, à l'extérieur des anciennes fortifications, mais bien à l'intérieur des nouvelles, sur le terrain même où s'élèvent les vastes édifices de l'Université. La vue, libre dans toutes les directions, y est fort belle, et s'étend à l'est jusqu'à la Forêt Noire, à l'ouest jusqu'à la chaîne des Vosges. L'Observatoire consiste en trois bâtiments isolés, deux pour les instruments, un troisième pour les logements, reliés entre eux par des galeries aboutissant en un point central. Dans le bâtiment qui est le plus à l'est sont deux salles méridiennes ayant chacune 10^m de longueur, autant de largeur et environ 7^m de hauteur. Le plancher est élevé de 5^m au-dessus du sol; cette grande élévation s'explique par l'état marécageux du sol, qui se traduit souvent le soir par des brouillards atteignant parfois jusqu'à 2^m de hauteur. Les murs en maçonnerie s'arrêtent au niveau du plancher pour se continuer ensuite par une forte charpente en fer recouverte d'une double enveloppe de zinc et de bois placés à distance, le bois à l'extérieur. Les trappes s'ouvrent en tournant autour de charnières et se rabattent d'un côté de l'ouverture. Elles sont formées d'une simple enveloppe; mais au-dessous sont placés de légers cadres en bois recouverts de toile blanche, destinés à protéger les instruments contre l'action du Soleil dans les observations de jour.

Plusieurs fenêtres permettent l'aérage rapide des salles; ces fenêtres sont doublées de jalousies. Dans la salle sera installé un nouveau cercle méridien construit par MM. Repsold. Indépendamment du pilier central sur lequel reposent les deux piliers de l'instrument, on a établi deux piliers dans la direction nord-sud pour deux collimateurs, et deux autres dans la ligne est-ouest également pour des collimateurs. Ces piliers sont en briques et s'enfoncent dans le sol jusqu'à une grande profondeur; ils sont recouverts, au-dessus du plancher, par une boiserie qui les isole; chacun d'eux est formé de deux cônes creux concentriques reliés par des contre-forts en maçonnerie; en outre, ces piliers sont

deux à deux réunis par des arcades, de telle sorte que
l'ensemble ne forme plus qu'un même massif. Les murs
extérieurs du bâtiment sont aussi formés d'une double
enveloppe qui se continue par une voûte jusqu'au-dessous
du plancher. De cette manière l'isolement est aussi complet que possible. Lorsque les travaux seront terminés,
toutes les ouvertures donnant accès dans cette sorte de cave
seront clôturées avec soin, et dans ces conditions il y a
lieu d'espérer que la température y restera constante ou
du moins y variera d'une manière graduelle; c'est d'ailleurs ce dont on pourra s'assurer à l'aide de thermomètres
qu'on descendra dans des tubes métalliques établissant
la communication entre les salles méridiennes et la cave.
Une grande cabane vitrée, mobile sur des rails de l'est à
l'ouest, recouvrira le cercle méridien. Il y aura deux
systèmes de rails, du nord au sud, pour la chaise de
l'observateur et le bain de mercure destiné aux observations par réflexion. Dans la même salle, un pilier placé
à l'est recevra un cercle portatif qui aura vue sur un signal
géodésique de la Forêt Noire.

Dans la deuxième salle on installera la lunette méridienne de Cauchoix, qui servira principalement à l'instruction des étudiants; un petit cercle portatif sera
encore placé à côté.

Dans la partie ouest du même bâtiment, deux tours
terminées par des coupoles sphériques contiendront,
celle du sud l'équatorial de 6 pouces, celle du nord un
altazimut de construction récente. Les piliers de ces

instruments présentent les mêmes conditions de stabilité
et d'isolement que celles observées pour les piliers méridiens. Les deux coupoles ont même dimension; elles
ont chacune 6^m de diamètre; la charpente métallique est
recouverte d'une enveloppe en zinc, doublée à l'intérieur
d'une enveloppe en bois distante de la première; la base
roule sur des galets fixes. L'ouverture de la coupole de
l'équatorial s'étend de part et d'autre du zénith suivant
une demi-circonférence; elle est fermée par une trappe
unique dont les deux extrémités roulent sur un système
de deux rails fixés extérieurement à la base de la coupole,
aux extrémités d'un même diamètre, et qui est mise en
mouvement par une seule manivelle qui agit sur deux
vis sans fin placées à l'intérieur, lesquelles conduisent la
trappe à l'aide de deux écrous fixés à ses extrémités. La
coupole de l'altazimut n'a pas de trappe, mais les deux
moitiés de la coupole s'éloignent l'une par rapport à
l'autre, en glissant sur des rails parallèles établis sur la
base de la coupole, de sorte que l'on peut porter l'ouverture d'un côté ou de l'autre du centre de l'instrument,
suivant les cas, et par un mécanisme tout à fait analogue
à celui qui précède. Cet arrangement était nécessaire, à
cause de la position excentrique de la lunette de l'altazimut
sur son axe; il aurait fallu, autrement, donner à l'ouverture des trappes des dimensions exagérées qui eussent
permis d'observer dans deux positions opposées de la
lunette sans tourner la coupole de 180°. Il est vrai que
la charpente métallique et la coupole elle-même se sont

trouvées ainsi un peu augmentées, mais les avantages de cette heureuse disposition compensent et au delà ces inconvénients. Les parties métalliques de ces coupoles sont soigneusement reliées à un paratonnerre; des robinets d'arrosage ont été établis pour les jours de trop forte chaleur. Des terrasses permettent de circuler tout autour.

Le second bâtiment, placé au nord-ouest, consiste en une grande construction de forme carrée, dans l'intérieur de laquelle s'élève une tour terminée par une coupole destinée à recevoir un équatorial de 18 pouces d'ouverture. Trois voûtes successives en maçonnerie reposent sur les murs de cette tour et détachent, au rez-de-chaussée, une première grande salle qui servira de vestibule et de salle d'attente, et au-dessus une pièce pour la pendule fondamentale. Le pied de l'instrument reposera sur la deuxième voûte, la troisième devant uniquement servir à compléter l'isolement de la pendule. Dans l'espace dont on dispose entre la tour et les murs extérieurs, seront installés la bibliothèque, un cabinet de travail et une salle pour les Cours. La coupole, de forme sphérique, a 12^m de diamètre; sa construction diffère peu de celle des deux autres. Elle est recouverte comme elles d'une double enveloppe, et l'ouverture des trappes s'étend de même de part et d'autre du zénith, tout le long d'un méridien; sa largeur est de $1^m,80$. Il y a seulement ici deux trappes au lieu d'une seule, allant chacune d'un bout à l'autre de l'ouverture et formant un système de deux demi-trappes qui se rejoignent au milieu de la fente; un mécanisme semblable à celui de la coupole du petit équatorial les met en mouvement. La coupole roule sur un chemin de fer fixe au moyen de douze galets de 1^m de diamètre liés à la base. Un mécanisme particulier, agissant par l'action de poids, fera tourner la coupole dans un sens ou dans l'autre, au gré de l'observateur et sans l'intervention d'aucun assistant. Une galerie intérieure a été ménagée à la hauteur de la base de la coupole. Sur la terrasse extérieure, dont le niveau est le même que celui du plancher, est installé un chemin de fer circulaire à l'usage du chercheur de comètes.

Les nouveaux instruments, le cercle méridien, l'équatorial et l'altazimut, ont été fournis par MM. Repsold, qui ont eu à réaliser dans leur construction et sur bien des points les idées de M. Winnecke.

La lunette du cercle méridien a 6 pouces d'ouverture; le tube et l'axe sont en laiton; l'objectif et l'oculaire peuvent être changés et mis à la place l'un de l'autre : ce serait là le moyen le plus sûr d'éliminer les effets de la flexion. D'ailleurs, dans tous les cas, les tubes de laiton seraient en général plus homogènes que les tubes de fonte, et l'on serait plus en droit d'admettre que les flexions qui se produisent de part et d'autre et à égale distance du zénith sont égales (¹). Les tourillons en

---

(¹) L'ingénieux appareil imaginé par M. Lœwy permet de résoudre complètement toutes les questions relatives à la flexion. Un Mémoire qu'il a rédigé sur ce sujet, en collaboration avec M. Périgaud, contiendra les résultats des déterminations faites au grand cercle méridien de l'Observatoire de Paris.

acier sont creux; dans l'un d'eux est un objectif de
3 pouces, au foyer duquel on place, dans l'autre tourillon,
un point fixe que l'on vise à l'aide des collimateurs est-
ouest, pour l'étude des tourillons et des variations de
l'inclinaison de l'axe. Les coussinets sont placés au
centre des faces de deux tambours en fonte, d'un diamètre un peu moindre que celui des cercles, et qui
reposent sur les piliers en maçonnerie. L'instrument est
muni de deux cercles divisés, de $0^m,70$ de diamètre
environ, lus par huit microscopes, quatre sur chaque
tambour. Des deux cercles, l'un est divisé de $2'$ en $2'$,
l'autre de degré en degré seulement, sauf pour quatre
degrés situés aux extrémités de deux diamètres perpendiculaires, qui sont divisés de $2'$ en $2'$. Cette disposition a
pour but de diminuer le travail si pénible des erreurs de
division, erreurs souvent variables avec les observateurs,
et de limiter cette étude à un petit nombre de traits,
sur lesquels, dès lors, on peut porter toute son attention,
de façon à déterminer les corrections avec tout le soin
désirable. Le seçond cercle est mobile autour de l'axe
de la lunette, et l'on peut toujours s'arranger de manière
que pour l'observation d'un astre quelconque les quatre
degrés divisés se trouvent sous les microscopes et qu'en
passant ensuite de cette position à celle qui correspond
au nadir on puisse pointer des divisions entières de
degré. Dans ces conditions il suffira de connaître les
erreurs de division de ce second cercle. Indépendamment
des collimateurs, M. Winnecke a fait établir deux mires

nord et sud à 150^m de l'instrument; mais il n'y aura pas d'objectif de mire : une petite lentille, placée en avant de l'oculaire et commandée par un bouton, permettra de viser directement les deux mires. Les piliers des objectifs de mire sont soumis aux mêmes causes de variation que l'instrument dans le voisinage duquel ils sont placés, et il est sans doute préférable de prendre comme ligne de repère la droite qui joint les deux mires; on a d'ailleurs eu soin d'enfoncer les piliers qui les portent en partie dans le sol et de recouvrir les mires elles-mêmes de doubles enveloppes en bois, afin de les soustraire aux brusques variations de température. Le calage de la lunette se fait avec un frein analogue à ceux employés dans les équatoriaux pour la déclinaison. Deux cercles légers en cuivre, fixés sur l'axe, près du cube, servent à faire tourner l'instrument. Deux lampes à pétrole, distantes de 1^m,50 des tourillons, éclairent les divisions des cercles et le champ de la lunette; pour ce dernier éclairage, la lumière est renvoyée par un prisme sur un petit miroir convexe collé sur la face intérieure du flint, qui la réfléchit vers l'oculaire. Cet éclairage serait plus uniforme que celui que l'on emploie d'ordinaire. On n'a pas les fils éclairés sur champ obscur.

L'altazimut est un des plus grands instruments de ce genre; la lunette, de 5 pouces d'ouverture et 5 pieds de distance focale, est placée à l'extrémité de l'axe horizontal. Les cercles horizontal et vertical ont 24 pouces de diamètre; ils sont divisés de 2' en 2' et lus, le premier par quatre microscopes, le second par deux. Le cercle vertical sera rarement employé à des mesures directes; il servira le plus souvent à contrôler les observations. Un niveau placé contre le tube permettra de remettre la lunette à la même hauteur, pour des observations à des hauteurs correspondantes. Un second niveau est à poste fixe sur l'axe. L'instrument se retourne avec rapidité au moyen d'un appareil placé dans le pied. Les constructeurs ont d'ailleurs apporté une attention particulière à l'équilibre de la lunette et cherché à supprimer toute flexion de l'axe dans les limites du possible ('). Un bain de mercure, mobile autour du pied, permet de faire des observations de nadir dans les divers azimuts. Une lanterne placée au-dessus de l'instrument éclaire le champ de la lunette, les fils du micromètre, les divers microscopes, et, au moyen de deux lentilles fixées dans la paroi de la lanterne, deux mires nord et sud placées chacune à 150^m de distance. Cet altazimut peut remplir les fonctions de premier vertical et être employé à toutes les déterminations qu'un pareil instrument comporte; il peut servir à faire des observations de la Lune, de petites planètes et d'étoiles voisines en vue de la détermination de la parallaxe, des observations de comètes. M. Winnecke pense l'utiliser plus particulièrement pour la mesure des déclinaisons d'étoiles circompolaires par les observations en azimut de

---

(') Le principe de la disposition adoptée a été longuement exposé par A. et G. Repsold, à l'occasion de l'équatorial de Gotha, dans le n° 1406 des *Astronomische Nachrichten*, en 1863.

leurs plus grandes élongations, dans les deux positions de l'instrument. On éliminera ainsi les effets de la réfraction, et il sera intéressant de comparer les résultats obtenus de cette manière avec ceux fournis directement par les observations méridiennes.

Le grand équatorial de 18 pouces d'ouverture présente dans sa construction des dispositions qui sont en général peu différentes de celles du 14 pouces de Poulkova, dont la monture vient d'être renouvelée tout récemment et dont nous parlerons au sujet de Hambourg.

MUNICH.

L'Observatoire de Munich se trouve sans directeur depuis la mort de Lamont; il est confié provisoiremeht à la surveillance de M. Seidel, professeur de l'Université.

Le bâtiment central contient la salle méridienne; les deux ailes sont occupées par les logements et les bureaux. On y voit un cercle méridien de Reichenbach, de $0^m,10$ d'ouverture et $1^m,60$ de distance focale, avec cercle divisé de $3'$ en $3'$, de $0^m,60$ de diamètre, lu par deux microscopes. Un système de deux leviers placés sur les deux parties de la lunette dans un plan vertical, qui ont le point fixe dans le voisinage du cube et dont l'une des extrémités butte contre l'extrémité du tube tandis que l'autre se termine par des contre-poids, a pour effet de paralyser l'action de la pesanteur et de s'opposer à la flexion du tube. Cet instrument ne se retourne pas; il n'y a pas de mires. C'est avec lui que Lamont a observé ses zones. Il y a encore une lunette méridienne de dimensions un peu-plus grandes que celles de la précédente, puis un altazimut avec lunette brisée, un cercle horizontal et deux cercles verticaux divisés de 15′ en 15′, munis d'une lunette horizontale, et enfin un héliomètre de Fraunhofer dans la même salle. Dans un pavillon isolé est placé un équatorial de 10,5 pouces d'ouverture et 15 pieds de distance focale de Merz; cet instrument est actuellement démonté.

Le colonel Orft, de l'état-major bavarois, fait à l'Observatoire des études sur la variation de la verticale, à l'instigation de M. d'Abbadie. M. Feldkirchner y fait régulièrement, chaque jour, des observations magnétiques.

Nous avons vu chez M. Merz deux objectifs de 14 pouces, un de 18 pouces, destiné à l'Observatoire de Milan, et nombre de lunettes destinées pour la plupart à l'armée bavaroise.

M. Steinheil nous a fait visiter ses ateliers dans le plus grand détail et nous a donné des renseignements sur la construction des objectifs, les essais préalables à faire subir au verre pour s'assurer de sa pureté et de son homogénéité, sur les procédés, basés sur le principe des anneaux colorés, propres à vérifier la sphéricité des surfaces par la comparaison avec des verres auxiliaires, en même temps qu'il nous a fait assister au polissage mécanique d'un certain nombre de verres, en cours d'exécution dans ses ateliers, et dont le travail plus ou moins avancé est comme la série des opérations intermédiaires par lesquelles un seul verre doit passer successivement. Les objectifs de Steinheil ont tous des surfaces rigoureusement sphériques.

En dehors des objectifs ordinaires, on trouve dans
cette maison : des objectifs astronomiques formés de trois
lentilles collées, un crown entre deux flints, dont l'ouverture est le quart de la distance focale; des oculaires
également composés de trois lentilles collées formant
une seule pièce; des objectifs à trois lentilles séparées
permettant de corriger deux couleurs éloignées; des
loupes aplanétiques à grand champ, sans distorsion,
aberration sphérique et chromatique; des objectifs pour
la Photographie.

M. A. Dietz, le successeur d'Ertel, fait surtout des
instruments pour la Géodésie; il a fourni en outre, dans
ces derniers temps, plusieurs lunettes de passages et un
cercle méridien à divers observatoires privés.

VIENNE.

L'Observatoire est situé au nord-ouest de la ville, dans le village de Währing, sur une hauteur du nom de Turkenschanze. Commencé en 1874, d'après les plans et sous la direction de Karl von Littrow, il a été terminé en 1880, sous la direction de M. Ed. Weiss, son successeur, par les soins des architectes Fellner et Helmer. Cet établissement est un des plus beaux d'Europe et un des plus vastes. C'est un seul corps de bâtiment, en forme de croix, dont l'axe est dirigé du nord au sud ; les ailes de l'est et de l'ouest et la partie nord constituent l'Observatoire proprement dit ; les logements, les bureaux et la bibliothèque sont installés dans la partie sud du bâtiment, qui comprend un sous-sol, un rez-de-chaussée et un premier étage. En entrant, on pénètre dans un vestibule qui donne accès dans un escalier monumental, aboutissant, à droite et à gauche, à une galerie faisant communiquer entre elles les diverses pièces du premier étage, et, en face, à une galerie centrale qui entoure le pilier du grand équatorial et relie les diverses salles d'observation ; aux extrémités nord, est et ouest sont trois coupoles destinées à divers instruments ; entre les tours sur lesquelles elles reposent et la tour centrale du grand équatorial, il y a trois grandes salles de même forme et de mêmes dimensions pour les instruments méridiens et un premier vertical. En élévation, les salles d'observation sont distribuées sur trois plans : au premier plan, les salles méridiennes et du premier vertical ; au deuxième, les trois coupoles nord, est et ouest ; au troisième enfin, la coupole centrale. Peut-être aurait-on pu éviter de donner à l'Observatoire une orientation dans laquelle le plan méridien se trouve être parallèle aux façades de la maison d'habitation, mais il semble que des considérations climatériques aient rendu cette disposition presque nécessaire ; d'ailleurs, le rayon visuel se trouvera encore assez éloigné des murs et, à cause de la grande hauteur du plancher des salles méridiennes, s'élèvera rapidement au-dessus des couches d'air qui pourraient avoir une action fâcheuse. Les salles méridiennes et du premier vertical sont des salles de forme carrée, de 12^m de côté et 6^m de hauteur ; les parois sont des murs simples en maçonnerie ; le toit, légèrement voûté, est double, en bois à l'intérieur, en feuilles de zinc à l'extérieur ; les trappes, également doubles, s'ouvrent au moyen d'un système de leviers articulés en tournant autour de charnières et se redressent d'un côté de l'ouverture ; les fentes latérales sont fermées par des volets en fer.

La grande coupole a 14^m de diamètre, les autres 8^m ;

ces coupoles, de forme sphérique, sont toutes construites
d'une manière à peu près semblable : la grande est recouverte de plaques d'acier Bessemer de $0^m,002$ d'épaisseur, les autres sont recouvertes de tôle de fer; dans
ces derniers temps on a construit à l'intérieur une enveloppe en bois dont on a reconnu la nécessité et qui
n'avait pas été prévue à l'origine. La coupole repose sur
un chemin de fer mobile, indépendant, formé par une
série de galets tournant autour d'axes reliés entre eux
par des entretoises qui se croisent à égale distance de
deux galets; chacun d'eux est composé de trois roues,
liées d'une manière invariable les unes aux autres, dont
les diamètres vont en diminuant de l'extérieur à l'intérieur
et dont les circonférences font partie d'une surface conique
qui a son centre au centre même de la coupole; les deux
roues extrêmes roulent chacune sur un chemin de fer fixe
placé sur le mur; la roue du milieu reçoit directement
la coupole; de plus, un second système de galets s'appuyant latéralement contre l'intérieur du mur empêche
des déformations de se produire. La crémaillère du
mouvement de la coupole est fixe sur le mur; le pignon qui engrène avec elle est placé sur la coupole;
il est conduit par une grande roue autour de laquelle
s'enroule une corde sans fin qui descend jusqu'à une
faible hauteur du plancher; ce pignon et cette roue
suivent la coupole dans son mouvement de rotation et
sont disposés de façon que celui qui tourne la coupole
se trouve toujours à l'opposé de l'ouverture des trappes,

ce qui est fort commode pour la recherche d'un objet
déterminé du ciel. Les trappes s'ouvrent seulement d'un
côté du zénith; encore ne peut-on observer dans le
voisinage de ce point, qui est caché par un carré de bois
destiné à protéger l'instrument; la largeur de l'ouverture
est de 2^m pour la grande coupole et de $1^m,3o$ pour les
coupoles de l'est et de l'ouest. Il n'y a qu'une seule trappe
qui s'ouvre en glissant sur les deux bords de l'ouverture
dans le sens de la longueur; une corde métallique passant
sur une poulie placée au zénith, et dont les deux extrémités s'enroulent en sens inverse sur un treuil établi
à la base de la coupole, du côté opposé à l'ouverture,
ouvre ou ferme la trappe suivant que l'on tourne ce treuil
dans un sens ou dans l'autre. Une disposition particulière est destinée à faciliter et à régler ce mouvement :
du côté opposé à l'ouverture, et symétriquement par
rapport au zénith, un cadre métallique, de la grandeur
de la trappe, est fixé à l'intérieur de la coupole et porte
vers son milieu deux treuils entre lesquels passe la corde
métallique; des poids placés de distance en distance le
long de la corde sont dirigés et arrêtés au besoin par
ce cadre; lorsque l'ouverture est fermée, ces poids
font équilibre à la trappe; mais, au fur et à mesure que la
trappe s'élève, ils sont successivement déposés sur des
supports installés à cet effet, jusqu'au moment où, la
trappe étant à moitié ouverte et s'équilibrant toute seule,
ces poids se trouvent tous au repos; puis, le mouvement
se continuant, la trappe pèse du côté opposé à l'ouver-

ture; mais alors la chaîne se trouve enroulée autour de l'un des deux treuils, en sens inverse du sens primitif; les poids sont de nouveau successivement soulevés et, en agissant en sens contraire, font équilibre à la trappe. Avec cet arrangement ingénieux le maniement de la trappe est commode, mais il a l'inconvénient d'être un peu trop long. Dans la coupole du nord, l'ouverture est un triangle sphérique de 60° à la base; la trappe, de même forme, pivote, au zénith, autour de son sommet, tandis que la base, reliée à un cercle métallique, roule sur le pourtour extérieur de la base de la coupole.

Les piliers des instruments sont d'énormes massifs en maçonnerie, consolidés par de puissants contre-forts et dans lesquels on a pratiqué de distance en distance de nombreuses ouvertures, qui ont pour but de hâter et de faciliter le tassement.

Énumérons les instruments dont on dispose en ce moment à l'Observatoire. Dans la salle méridienne de l'ouest est installé un cercle méridien dont la lunette a un objectif de Fraunhofer de $0^m,11$ d'ouverture et 2^m de distance focale; le micromètre a des fils mobiles pour les deux coordonnées; un cercle divisé de 3' en 3' est lu par quatre microscopes placés sur un second cercle; il n'y a pas de mires éloignées; deux piliers nord et sud sont établis pour des collimateurs; l'instrument se retourne. Dans la salle du nord, une lunette de passages avec objectif de Fraunhofer de $0^m,12$ d'ouverture et $2^m,10$ de distance focale remplit les fonctions d'instrument du premier vertical. Dans l'une et l'autre de ces lunettes, un système de leviers est destiné à combattre la flexion du tube. Dans la tour de l'est, un équatorial, sans mouvement d'horlogerie, avec un objectif de Fraunhofer de $0^m,16$ d'ouverture et 3^m de distance focale, sert à observer les petites planètes et les comètes ; c'était le principal instrument de l'ancien Observatoire. Dans la tour de l'ouest se trouve un équatorial construit récemment par Alvan Clark, avec une lunette de $0^m,30$ d'ouverture, $5^m,20$ de distance focale, muni d'un mouvement d'horlogerie, avec un micromètre de position dont les tours de la vis sont indiqués par un index sur une règle divisée et dans lequel l'ensemble des fils fixes et mobiles peut se déplacer simultanément de manière à permettre les observations dans diverses parties du champ. L'escalier à l'usage de cet équatorial est analogue à celui de Harvard College ; il consiste essentiellement en une plate-forme qui s'élève ou s'abaisse au gré de l'observateur, à l'aide d'un mécanisme mis à sa disposition, suivant une surface sphérique concentrique à celle que décrit l'oculaire, et qui se trouve installé sur un chariot métallique mobile sur des rails autour de l'instrument au moyen d'un second mécanisme que l'observateur met encore en mouvement.

Dans la salle méridienne de l'est, qui contient un grand nombre de petits instruments ayant appartenu à l'ancien Observatoire, sera placé plus tard un grand cercle méridien.

La grande coupole recevra incessamment un grand équatorial de Grubb, de 0^m,68 d'ouverture et 10^m environ de distance focale, sur lequel nous reviendrons au sujet de notre visite aux ateliers de ce constructeur à Dublin.

Ajoutons que M. Weiss vient de s'assurer la précieuse collaboration de M. Palisa, le directeur bien connu de l'Observatoire de Pola, qui dorénavant fera partie de l'Observatoire de Vienne.

Indépendamment de son Observatoire officiel, Vienne possède encore un petit Observatoire que M. Oppolzer a installé au-dessus de sa maison d'habitation, dans Josephstadt, et qui renferme un équatorial de Merz de 5 pouces, dont le tube de la lunette est en bois, sans mouvement d'horlogerie, avec micromètre circulaire, à l'aide duquel le frère de M. Palisa a fait de nombreuses observations, et un cercle méridien de 4 pouces d'ouverture et 40 de distance focale, avec cercle divisé de 5' en 5', enfermé dans un second cercle comme dans une sorte de gaîne, qui ne laisse voir les divisions qu'en regard des microscopes, avec un appareil à retournement placé dans le pied et niveau installé du côté du nord, le long de l'ouverture des trappes. M. Oppolzer dirige les travaux du *Gradmessung* et s'occupe actuellement de faire réduire quarante-deux déterminations de longitude entreprises sous sa direction.

Vienne possède un Observatoire météorologique et magnétique, à la tête duquel est M. Hann, dont l'installation est des plus complètes. On y voit des enregistreurs

photographiques pour la déclinaison magnétique, la force
horizontale et la force verticale, construits d'après le
modèle de Kew par Adie, de Londres, des instruments de
Lamont pour l'observation directe de ces quantités, de
L. Carl, de Munich, divers théodolites pour les déterminations absolues, un des rares enregistreurs électriques de Théorell (¹) pour thermomètre, baromètre
et anémomètre, des enregistreurs système Hipp pour
thermomètre et baromètre, et un grand nombre d'autres
instruments météorologiques. M. Hann est chargé de
réunir les observations de deux cent cinquante stations
météorologiques placées sous sa surveillance; il publie
régulièrement les observations complètes de seize de ces
stations et seulement les résultats généraux pour les
autres.

(¹) *Voir,* pour ce qui concerne cet instrument, la description qui en a
été donnée dans les nᵒˢ 16 et 17 du *Zeitschrift österreichischen Gesell-
schaft für Meteorologie,* en août et septembre 1875.

LEIPZIG.

L'Observatoire possède un cercle méridien de Pistor et Martins, de 6 pouces d'ouverture, avec deux cercles divisés de 2′ en 2′. Cet instrument est identique à celui que l'on voit à Berlin du même constructeur; il se retourne. Deux collimateurs sont installés au nord et au sud; un bain de mercure est placé à poste fixe pour le nadir, un second sert aux observations par réflexion; les erreurs de division des cercles ont été étudiées, et l'on a trouvé que la moyenne des lectures de quatre microscopes doit être corrigée d'une quantité inférieure à 0″,5; on peut obtenir les deux éclairages. Cet instrument sert à faire des observations régulières de grosses planètes; en outre, MM. Bruhns, Weineck et Leppig y observent la zone d'Argelander qui va de $+5°$ à $+10°$ de déclinaison. Un équatorial de 8 pouces de Steinheil est employé par le Dr Peter à l'observation des petites planètes et des comètes; un niveau, qu'on peut placer sur l'axe de déclinaison, permet d'observer par la méthode d'Hansen. Il y a encore : une lunette installée dans le

premier vertical, à l'usage des étudiants de l'Université,
un équatorial de 4 pouces de Repsold, du passage de
Vénus, avec lequel le Dr Hilfiker fait des mesures de
nébuleuses; un chercheur de comètes installé sous la
même coupole; puis divers autres instruments de
moindre importance, parmi lesquels une lunette de
2,5 pouces d'ouverture, couchée sur les tourillons de
manière que l'axe optique se confonde avec l'axe de
rotation, avec un prisme à réflexion totale placé sur
l'objectif, comme dans le théodolite d'Abbadie, un instrument universel de 2 pouces de Repsold, une lunette
brisée de 2,5 pouces de Pistor et Martins, avec niveau
en permanence sur l'axe, ces derniers munis d'un appareil à retournement placé dans le pied, enfin une lunette
méridienne d'Utzschneider.

L'Observatoire possède une installation météorologique, avec enregistreurs de Wild et du P. Secchi; on
y fait régulièrement six observations par jour. M. Bruhns
est chef du service de la Météorologie en Saxe, lequel
comprend une vingtaine de stations.

POTSDAM.

L'Observatoire d'Astronomie physique de Potsdam
est situé au nord de cette ville, sur une hauteur qui
domine une vaste plaine couverte de forêts. Il est dirigé
par une Commission, composée de MM. Kirchhoff,
Förster et Auwers. Il consiste en deux corps de bâtiment,
dont l'un, orienté de l'est à l'ouest, est surmonté de trois
coupoles mises en communication par deux galeries;
l'autre, placé au nord, perpendiculaire au premier et
faisant corps avec lui, contient les salles de Spectroscopie,
de Photographie et les cabinets de travail des astronomes. Les maisons d'habitation sont au nord-est. Dans
la même direction, mais plus bas, dans une maison isolée,
sont installées une usine à gaz et deux machines mues
par la vapeur, servant à prendre de l'eau dans un puits
de 45 mètres de profondeur et à l'élever ensuite dans
un réservoir établi au-dessus de l'Observatoire pour les
divers usages de l'établissement; deux hommes sont
exclusivement occupés au fonctionnement de l'usine
et des machines. La coupole centrale contient un équa-

torial qui repose sur une voûte isolée du reste du bâtiment; les deux autres renferment également chacune un équatorial placé sur un pilier en maçonnerie; les trois coupoles et la tour communiquent encore par une terrasse recouverte de gazon.

Les murs sur lesquels reposent les coupoles sont en briques creuses. Les coupoles, de forme ovale, présentent une construction identique; la plus grande, qui est placée au milieu, a 10^m de diamètre, les deux autres 7^m. Il y a une double enveloppe de tôle de fer et de bois, celle-ci à l'intérieur; la coupole roule sur un système de galets semblables à ceux des coupoles de l'Observatoire de Vienne et à l'aide d'un mécanisme tout à fait pareil; l'ouverture des trappes se fait tout le long d'un méridien; la largeur de l'ouverture est de 1^m,20 dans la grande coupole, de 0^m,90 dans les deux autres; les trappes, au nombre de deux, une de chaque côté, consistent en deux longues feuilles de tôle d'acier qui glissent le long de l'ouverture et s'enroulent autour de deux cylindres placés au sommet de la coupole. On s'est ménagé la possibilité d'avoir des ouvertures de grandeur variable et placées à des hauteurs différentes pour l'observation du Soleil; à cet effet, un second système de feuilles d'acier, enroulées sur deux cylindres établis à la base de l'ouverture, peut être relié aux trappes en temps opportun, de manière à se dérouler au fur et à mesure que celles-ci s'enroulent, et *vice versa*, et à former une ouverture dont on reste maître de régler la grandeur. Le maniement d'un pareil système est quelque peu pénible; d'autre part, il ne permet pas d'observer dans le voisinage du zénith. Dans la grande coupole est placé un équatorial de 12 pouces d'ouverture et $5^m,40$ de distance focale, avec mouvement d'horlogerie; la partie mécanique est de Repsold, la partie optique de Schröder.

Le pied sur lequel repose l'instrument est une colonne en fonte creuse; le tube de la lunette est en bois; les deux parties sont d'inégales longueurs : celle qui est du côté de l'oculaire est la plus courte. L'observateur peut produire de petits mouvements en ascension droite et en déclinaison à l'aide de manettes qui aboutissent à l'oculaire. La lampe établie dans le voisinage de l'oculaire envoie un faisceau de lumière qui traverse d'abord le chercheur et se bifurque ensuite pour éclairer d'une part le champ, les fils du micromètre et le cercle de position, de l'autre le cercle de déclinaison. Un biseau placé dans le chercheur et mobile dans la direction de l'axe optique peut être interposé sur le faisceau lumineux pour l'éclairage du champ de ce chercheur. Un petit miroir convexe est placé sur la face intérieure du flint pour l'éclairage du champ de la lunette. Dans le micromètre, la vis qui conduit la plaque des fils est placée d'une manière dissymétrique sur le côté de la plaque; elle butte contre une seconde vis engagée dans la boîte du micromètre, qui permet de déplacer l'origine du fil mobile; une troisième vis, placée encore sur le côté du mi-

cromètre, déplace l'ensemble des fils fixes et mobile.
Le siège de l'observateur est un escalier ordinaire, sans
chemin de fer. Dans une embrasure du mur est installée
une caisse qui sert de table, dont la partie supérieure inclinée est formée d'une plaque de verre dépoli éclairée
par un bec de gaz placé au-dessous et sur laquelle on
peut écrire ou dessiner sans le secours d'aucune autre
lumière; un second bec de gaz caché derrière une plan-
chette au-dessus de la table permet d'éclairer au besoin
la partie supérieure de la table (¹).

Dans la tour de l'ouest est établi un équatorial de
Grubb de 7,5 pouces d'ouverture, avec mouvement d'horlogerie. M. Spörer y fait des observations régulières des
taches du Soleil en projetant l'image sur une plaque
divisée, et, avec un galvanomètre construit à cette intention, des études comparées entre la température des
taches et celle de la surface du Soleil.

Dans la coupole de l'est, un équatorial de 5 pouces,
sur lequel on a installé un spectroscope, est employé par
MM. Spörer et Kempf à l'observation des protubérances;
dans la même salle est un photomètre de Zöllner, avec
lequel M. Möller fait des études sur l'éclat des étoiles.

Dans la salle de travail de M. Vogel, au rez-de-chaussée,
on voit un spectroscope à six prismes de Rutherford qui
lui a servi dans son grand travail sur le spectre solaire,

(¹) M. Lohse a fait avec cet instrument de nombreuses observations,
publiées dans les *Annales de l'Observatoire*. M. Lohse est plus spécialement chargé des opérations photographiques.

un instrument pour la mesure des indices de réfraction, un autre instrument servant à comparer les intensités lumineuses des diverses parties d'un spectre quelconque avec les régions correspondantes d'une flamme déterminée, qui est ici une flamme de pétrole, enfin un spectroscope stellaire à un prisme construit par Hilger, de Londres.

Dans le sous-sol est installée une machine de Gramme de 6 chevaux, mise en mouvement par une machine à gaz; à côté sont des salles pour le mécanicien et le menuisier.

Dans le puits dont on a parlé sont placés, de distance en distance, les uns contre le mur, les autres dans l'intérieur du sol, un certain nombre de thermomètres qui donnent la température à diverses profondeurs. Une chambre a été construite vers le milieu du puits en vue d'expériences qui exigent une température invariable. Un arrangement spécial prévoit le cas où l'on voudrait profiter de la grande profondeur du puits pour faire des études sur le pendule.

BERLIN.

L'Observatoire est situé à l'extrémité de Charlotten-
strasse, dans l'intérieur et dans la partie sud de la ville;
il est établi sur un terrain de peu d'étendue, entouré de
maisons de tous côtés; c'est un seul corps de bâtiment,
en forme de croix, dont l'axe est dirigé de l'ouest à l'est.
A l'est sont les appartements du directeur, les salles de
travail des astronomes et des élèves, et une pièce pour
les pendules. Les instruments occupent tout le reste.
Signalons tout d'abord deux nouveaux instruments, installés depuis peu par M. Förster : c'est d'abord un équatorial de Merz de 6 pouces, avec mouvement d'horlogerie,
tube en bois, à l'aide duquel M. Auwers observe les
occultations des étoiles par la Lune, placé au sud dans
une coupole à double enveloppe qui roule sur des galets
fixes et dans laquelle l'ouverture des trappes s'étend de
part et d'autre du zénith, tout le long d'un méridien, les
parties seules voisines du zénith restant cachées à l'observateur; c'est ensuite un altazimut sortant des ateliers
de M. Bamberg, de Berlin, installédans l'aile du nord,

construit d'après les idées de M. Förster. Cet instrument
consiste en une lunette brisée de 4,5 pouces d'ouverture
et $1^m,3o$ de distance focale, portée par deux piliers en
fonte qui font corps avec un massif très lourd de même
métal. Le pied repose par trois vis calantes à têtes divisées sur une base métallique fixée sur le pilier en maçonnerie; le mouvement en azimut se fait d'une manière
commode à l'aide de trois galets fixés à la base du pied
et qui viennent reposer sur un chemin de fer quand on
dévisse les vis calantes. Il n'y a pas de cercle divisé permettant de faire des lectures de grande précision; il y a
seulement des cercles de calage, et encore le cercle
horizontal ne demeure pas en permanence sur l'instrument. Le tube de la lunette est en laiton; le pied en
fonte est recouvert d'étoffe; le pied en maçonnerie est
revêtu d'une enveloppe en feutre. La lunette est fixée en
hauteur à l'aide d'un frein qui permet de pincer l'axe de
rotation et de faire de petits mouvements; un niveau
placé perpendiculairement à cet axe sert à remettre la
lunette à la même hauteur; un second niveau suspendu
en permanence au-dessous de cet axe et équilibré par
des contre-poids ne repose sur les tourillons que pour le
nivellement; un appareil placé dans le pilier, indépendant du pied de l'instrument, permet de faire le
retournement. Il n'y a ni mires ni collimateurs; un bain
de mercure peut être placé au centre du pied; l'éclairage
du champ s'obtient à l'aide d'une lampe placée contre le
mur; un microscope que l'on peut fixer sur l'un des

montants servira à faire l'étude des tourillons. Le pilier en maçonnerie est très élevé au-dessus du sol; le toit métallique, de forme circulaire, est presque plat et ouvert tout le long d'un diamètre; il est mobile en azimut.

Dans la partie centrale du bâtiment est installé un équatorial de 9 pouces d'ouverture et 14 pieds de distance focale. C'est avec cet instrument que, sur l'invitation de Le Verrier, Galle découvrit Neptune à la place même que lui avait assignée l'illustre astronome. La coupole sphérique, en tôle de fer, est doublée intérieurement avec de la toile; elle roule sur des galets mobiles sur un chemin de fer fixe; le mouvement est rendu très doux par la chute de poids qui réduisent à une action très faible l'effort à exercer sur la manivelle; ces poids sont remontés par une machine à gaz établie à cette intention. Il n'y a de trappes que d'un côté du zénith seulement; elles s'ouvrent en glissant latéralement sur la coupole. L'équatorial est d'Utzschneider et Fraunhofer; il est muni d'un mouvement d'horlogerie; le tube de la lunette est en bois; un système de deux contre-poids disposés le long du tube s'oppose à la flexion de ce tube. Tout récemment un nouveau micromètre à fils a été construit par Bamberg. Indépendamment de la vis micrométrique, deux vis auxiliaires permettent de déplacer, l'une l'ensemble des fils fixes et des fils mobiles, l'autre la plaque des fils fixes seulement; une disposition ingénieuse permet d'enregistrer jusqu'à cinq pointés de la vis sans qu'il soit nécessaire de lire immédiatement.

A cet effet, la tête de la vis est formée de trois tambours divisés de la même manière, liés entre eux, contre lesquels cinq index commandés par un levier se fixent successivement à chaque pointé fait avec le fil mobile. M. Knorre observe avec cet instrument les petites planètes; il en a retrouvé un certain nombre qui étaient perdues et il en a découvert deux nouvelles. Il se sert, dans ses opérations, d'un micromètre ordinaire à fils présentant une disposition ingénieuse qui permet, comme dans le micromètre qui précède, d'enregistrer les pointés de la vis micrométrique; cette vis fait mouvoir une bande de papier qui se déroule en face de deux pointes dont l'une est fixe et sert d'origine et dont l'autre est mise en mouvement par la vis elle-même; après chaque pointé, un ressort, sur lequel on agit directement avec la main ou à l'aide d'air comprimé contenu dans un tube en caoutchouc dont on tient l'une des extrémités dans la main et dont l'autre extrémité s'appuie contre le ressort, imprime les deux pointes sur le papier : l'écart mesure la quantité dont on a fait tourner la vis. L'oculaire se déplace encore par l'action de la vis, de manière que l'astre se trouve toujours exactement placé au milieu du champ. La vis micrométrique sert pour les déclinaisons; l'ascension droite s'estime par le passage à un seul fil et est enregistrée par un chronographe; le même chronographe permet de noter les grandeurs par un nombre déterminé de points dont on fait suivre le pointé en ascension droite. Par ce procédé on détermine simultanément et d'une manière commode les deux coordonnées; un seul observateur suffit. M. Knorre a pu observer jusqu'à cent vingt étoiles par 15 minutes. Il a formé un Catalogue de quinze mille étoiles, le plus souvent observées deux fois, qui pourra lui servir dans ses recherches ultérieures et qu'il a consulté avec fruit en maintes occasions.

Le cercle méridien de Pistor et Martins est installé dans la partie ouest de l'Observatoire; la salle méridienne est carrée; elle a 7^m de côté et $5^m,50$ environ de hauteur; les murs et le toit sont formés d'une double enveloppe métallique; il y a de plus sur le toit une couverture en bois. Les trappes sont également formées d'une double enveloppe; elles s'ouvrent en glissant sur le toit; leur largeur est de $1^m,50$. Les piliers en maçonnerie sur lesquels repose l'instrument sont enveloppés de feutre et recouverts à distance d'une seconde enveloppe de tôle d'acier, qui les isole complètement. La lunette a 7 pouces d'ouverture et $1^m,50$ de foyer; le tube est en laiton; il y a deux cercles divisés de $2'$ en $2'$, de 1^m de diamètre, lus chacun par un système de quatre microscopes placés sur les piliers. Le micromètre est muni de vis pour les deux coordonnées; le tambour de la vis de déclinaison est analogue à celui de la vis du nouveau micromètre de l'équatorial. Deux systèmes de quatre rayons en cuivre fixés sur l'axe de la lunette, de part et d'autre du cube, servent à faire mouvoir la lunette; l'objectif et l'oculaire peuvent être intervertis. La lunette est calée à l'aide d'un frein semblable à ceux des équatoriaux. Deux systèmes de contre-poids, qui ont leurs points d'appui sur les piliers, soulèvent la lunette et soulagent les coussinets. L'instrument se retourne; il y a un bain de mercure pour les observations nadirales, mais ces observations ne peuvent être faites que rarement, à cause du mouvement continuel des voitures dans le voisinage de l'Observatoire; il y a deux collimateurs, mais pas de mires éloignées; ces collimateurs sont installés sur deux piliers en maçonnerie; un niveau ordinaire peut être suspendu à l'instrument pour les nivellements. Un bec de gaz, placé entre les parois de la salle, éclaire le champ de la lunette et les fils du micromètre, et, à l'aide de quatre rayons creux qui partent de la pièce qui supporte les coussinets, les divisions placées sous les microscopes. Un certain nombre d'autres becs de gaz éclairent le niveau de l'instrument, le champ des collimateurs et leurs niveaux, les tambours des microscopes, le cahier de l'observateur; mais toutes les sources de lumière sont soigneusement exclues de la salle et enfermées entre les deux enveloppes métalliques du mur. En prenant ces précautions, on est parvenu à obtenir dans la salle méridienne une température qui diffère, en général, fort peu de la température de l'air extérieur. Une toile placée entre les cercles divisés et l'observateur empêche l'échauffement des cercles au moment de la lecture des microscopes. Les observations se font à l'aide d'un chronographe de Hipp; la pendule est de Tiede, de Berlin, avec compensation à mercure et interrupteur à gouttelette de mercure, avec condensateur Fizeau ; elle est comparée à une pendule fondamentale du même constructeur. M. Becker observe avec ce cercle méridien une zone d'Argelander comprise entre + 20° et + 25° de déclinaison ; les étoiles sont observées dans les deux positions de l'instrument. Ce travail est déjà fort avancé.

Dans une salle adjacente à la salle méridienne est placé un petit cercle méridien de 4 pouces, de Pistor et Martins, avec lequel M. Auwers a observé une zone d'Argelander et qui est actuellement employé à l'instruction des élèves.

Parmi les nouveaux instruments de l'Observatoire, il importe encore de signaler un examinateur de niveaux de Reichel, de Berlin, de même forme que celui qui a été décrit dans le premier Volume des *Annales* de Poulkova. La vis micrométrique est ici terminée par une boule en acier qui pivote dans l'intérieur d'une surface conique en pierre précieuse ; l'écrou dans lequel s'engage la vis est réduit à trois arêtes, de manière que chaque pas de la vis ne repose que par trois points ; l'une de ces parties de l'écrou est mobile dans un sens perpendiculaire à la vis, afin d'éviter le temps perdu ; un ressort qui s'appuie dans le voisinage de la vis contre l'examinateur est destiné à rendre le mouvement plus doux ; deux crochets permettent de placer l'appareil sur le cercle méridien.

SAINT-PÉTERSBOURG.

(POULKOVA).

L'Observatoire de Poulkova a été décrit par son fondateur, W. Struve, dans un Volume bien connu, qui commence la série des publications de cet établissement. Il est aujourd'hui à peu près ce qu'il était à l'époque qui répond à cette description. Les maisons d'habitation ont dû être agrandies devant l'augmentation continue du nombre de personnes qui, à des titres divers, vivent dans l'Observatoire; on comptait à l'origine une centaine d'habitants; aujourd'hui il y en a cent cinquante environ. Les constructions qui renferment les instruments n'ont pas été touchées et sont encore en très bon état, bien que beaucoup d'entre elles soient faites en bois.

Les instruments méridiens ont reçu peu de modifications. La lunette méridienne d'Ertel est restée ce qu'elle était. Dans le cercle vertical, les tourillons étaient usés et le plan du cercle divisé faisait avec le plan du cercle qui porte les microscopes un angle de 15′ : les tourillons ont été tournés de nouveau par M. Herbst, l'habile mécanicien de l'Observatoire, et l'inclinaison a été réduite à 3′. D'autre part, on avait été conduit, par l'étude des erreurs de division, à penser que les traits des degrés seuls avaient été tracés avec la machine à diviser et qu'ensuite chacun des intervalles avait été divisé d'une manière uniforme au moyen d'une même lamelle, qui avait servi pour les traits de 2′ en 2′. Cette présomption s'est trouvée justifiée par la découverte, dans les ateliers d'Ertel, de la lamelle supposée ; on a étudié avec le plus grand soin les divisions de cette lamelle, et les erreurs se sont trouvées être, dans les limites d'écart admissibles, la reproduction de celles que l'on avait obtenues systématiquement dans les minutes de chaque degré du cercle. A la suite de cette découverte, M. O. Struve a fait tracer une nouvelle division à côté de l'ancienne, qui lui a été substituée dans les mesures à partir de ce moment.

Dans le cercle méridien de Repsold, le porte-microscopes était autrefois placé du même côté que le ressort chargé de maintenir l'axe dans une position invariable sur les coussinets et d'empêcher des déplacements de se produire dans le sens latéral. Cette disposition était défectueuse ; le cercle divisé et les porte-microscopes éprouvaient des variations continuelles dans leur distance relative par l'effet des changements de température, gênants pour les lectures ; cet état de choses a été modifié, et, depuis que le porte-microscopes et le ressort sont de côtés différents, cet inconvénient ne s'est plus renouvelé.

Les astronomes chargés actuellement du service méridien sont MM. Wagner, sous-directeur de l'Observatoire, pour la lunette méridienne, Nyrén pour le cercle vertical, Romberg pour le cercle méridien. Tous les vingt ans, on détermine à Poulkova les positions des étoiles fondamentales; ce travail a été fait pour 1845 et 1865, et cette année vont commencer les observations dont les positions moyennes seront données pour 1885. Le cercle méridien a été employé à l'observation d'étoiles jusqu'à la 6ᵉ grandeur, comprises entre le pôle et — 15° de déclinaison, d'étoiles doubles, d'étoiles de comparaison, etc. M. Romberg y a observé sans discontinuer depuis 1874. Notons, avant de quitter la salle méridienne, le procédé que l'on emploie pour éclairer les mires. Cet éclairage s'obtient sans sortir de la salle, en plaçant une lumière derrière un objectif que l'on porte sur les deux piliers de mire alternativement. On ne fait plus beaucoup d'observations nadirales à Poulkova. M. O. Struve pense que, les pointés au nadir ne se faisant pas dans les mêmes conditions que les observations des étoiles, il convient de ne leur accorder qu'une confiance relative.

L'instrument établi dans le premier vertical n'a pas subi de modification; on a seulement installé dans ces derniers temps deux mires est-ouest, afin de répondre à certaines critiques qui attribuaient un déplacement en azimut à l'instrument. Chacune de ces mires est placée sur un pilier en maçonnerie entouré d'une enveloppe en bois dont il est séparé par des matières isolantes qui remplissent le vide. C'est encore M. Nyrén qui observe à cet instrument; cet astronome reprend la détermination de la constante de l'aberration avec vingt-cinq étoiles au lieu de sept qui avaient servi la première fois. Une circonstance accidentelle est venue dans ces derniers temps interrompre le travail commencé; les observations présentaient des anomalies inexplicables et l'on se perdait en conjectures sur leur cause, lorsqu'on s'est enfin aperçu, après bien des recherches qui étaient restées sans résultat, que le plancher de la salle avait fléchi et venait butter contre le pilier; on s'est hâté de faire les réparations nécessaires, et depuis ce moment les irrégularités ont disparu et les observations ont pu reprendre leur cours.

Depuis 1868, une pendule fondamentale de Tiede à interrupteur de Krille, à colonne de mercure coupée toutes les secondes par une lame de mica, fonctionne dans les caves de l'Observatoire, au-dessous de la galerie centrale et de la voûte qui supporte l'équatorial de 14 pouces. Cette pendule, maintenue à une température et à une pression constantes, est enfermée dans une cage cylindrique en verre, fermée en bas par une plaque de verre, en haut par une plaque métallique, reliées l'une à l'autre par deux tiges métalliques qui les maintiennent contre le cylindre; un enduit de suif complète l'isolement. A la partie supérieure est un robinet avec tube en caoutchouc pouvant communiquer avec une machine pneumatique ou un récipient rempli d'air sec, et permettant de modifier la pression et de régler la marche de la pendule; une clef qui pénètre à frottement dur dans une pièce en cuir sert pour le remontage. La pression y est ordinairement de $\frac{2}{3}$ d'atmosphère; l'état hygrométrique est maintenu en général très faible, afin d'éviter la formation de la rouille. Les autres pendules principales de l'Observatoire sont de Hohwu, d'Amsterdam.

Le grand équatorial de 14 pouces est actuellement en réparation chez MM. Repsold, qui doivent changer toute la partie mécanique et remplacer le tube en bois par un tube en métal; le nouveau pied, formé d'une colonne en fonte, est déjà en place. L'équatorial de 6 pouces de la tour de l'ouest est employé par M. Dubiago à la mesure d'étoiles doubles. L'ancien héliomètre de Fraunhofer n'est plus utilisé en cette qualité : il sert comme équatorial à l'instruction des jeunes élèves astronomes. Un nouvel héliomètre de 4 pouces de Repsold est installé depuis quelques années dans un pavillon placé au sud de l'Observatoire; dans cet instrument, la lunette tout entière tourne sur elle-même dans le collier qui la fixe à l'axe de déclinaison; la rotation est mesurée par une division tracée sur ce collier; avec cette disposition, dans laquelle les deux moitiés de l'objectif se déplacent seulement l'une par rapport à l'autre sans avoir de mouvement de rotation par rapport au tube lui-même, la stabilité est très grande; c'est ainsi que le changement relatif des centres des deux moitiés, qui atteint parfois jusqu'à 5″ dans les héliomètres ordinaires, ne dépasse guère ici o″,5. Une lunette qui pénètre dans l'intérieur du tube, dans le voisinage de l'oculaire, permet de lire d'une manière commode les divisions de l'objectif et l'échelle des températures. M. Backlund, astronome adjoint de l'Observatoire, fera, à l'aide de cet instrument, des mesures des distances des satellites de Jupiter à la planète.

Un grand pavillon contient dans une pièce centrale plusieurs instruments portatifs et se termine par deux coupoles à ses extrémités. Dans celle de l'est, un équatorial de 6 pouces, à objectif de Gauss, sur lequel se monte un photomètre de Zöllner, est employé par M. Lindemann, astronome adjoint et secrétaire scientifique de l'Observatoire, à la mesure de l'éclat d'étoiles prises dans les Catalogues d'Argelander; il a fait environ mille observations de six cents étoiles. La coupole de l'ouest est divisée en deux moitiés de rayons un peu différents, dont l'une peut rentrer sous l'autre quand on veut ouvrir. Elle contient un instrument construit par M. Herbst, sur les indications de M. O. Struve, pour la mesure des distances, à l'usage de l'artillerie. Il consiste essentiellement en une base de 7 pieds de longueur, munie à l'une de ses extrémités d'un prisme à réflexion totale et à l'autre

extrémité d'une lunette dont l'objectif est recouvert par
un second prisme; une vis micrométrique permet de
mesurer la distance entre l'image directe et l'image
réfléchie; le tout est porté dans une caisse en bois et
maintenu par de puissants ressorts destinés à amoindrir
l'effet des chocs. Dans un pavillon voisin du précédent,
est installée une lunette méridienne d'Ertel, de 4 pouces
d'ouverture, qui présente cette particularité que les
pointés sur la mire se font en plaçant l'objectif même
de la mire sur le tube de la lunette, à la place du couvercle de l'objectif. Au nord-est, un pavillon comprend
plusieurs instruments portatifs, destinés, avec ceux du
pavillon sud, à l'instruction des officiers d'état-major,
sous la direction du colonel Zinger, astronome de l'Observatoire. Les études préparatoires aux travaux géodésiques occupent d'ailleurs une place importante à
Poulkova; c'est M. Döllen, l'astronome bien connu de
l'Observatoire, qui en a la haute direction. Une collection
de règles pour la mesure des bases fait partie du matériel ;
deux bases, l'une de 15o^m dans les terrains de l'Observatoire, l'autre dans la plaine vers le sud et longue de 3^{km},
sont mesurées à titre d'exercice. Avant peu, le toit qui
entoure la coupole de l'équatorial de 14 pouces sera
remplacé par une terrasse d'où la vue s'étendra à toutes
les parties de l'horizon pour des déterminations d'azimut.
Ajoutons que M. Döllen étudie, dans une salle disposée
à cette intention, la marche d'un grand nombre de chronomètres, construits en majeure partie par M. Viren, de

Saint-Pétersbourg, et destinés à des expéditions géographiques.

La Spectroscopie est représentée à l'Observatoire de Poulkova par un élève d'Angström, M. Hasselberg, qui s'est déjà fait connaître par une importante publication, qui a paru dans les *Mémoires de l'Académie des Sciences de Saint-Pétersbourg* (¹) ; M. Hasselberg s'occupe surtout de l'influence produite par la pression sur les spectres des gaz et de l'application qu'on peut en faire aux nébuleuses et aux comètes.

Si aux noms déjà cités on ajoute ceux de quelques jeunes astronomes, tels que MM. L. Struve et Rheinmal, dont les débuts dans la carrière astronomique sont pleins de brillantes promesses pour l'avenir, on aura la liste complète des collaborateurs du savant directeur de l'Observatoire de Poulkova. Indépendamment des publications personnelles et des nombreux Mémoires publiés par l'Académie des Sciences, les Volumes d'*Annales* parus dans ces dernières années témoignent de l'activité de ce grand établissement. Les cinq premiers contiennent les observations qui ont servi de base à la formation du Catalogue des étoiles fondamentales pour 1845,0 et les observations faites à l'instrument du premier vertical ; les deux suivants renferment toutes les étoiles jusqu'à la 6ᵉ grandeur comprises entre le pôle et 15° de décli-

---

(¹) *Studien auf dem Gebiete der Absorbtionsspectralanalyse,* t. XXVI, n° 4. 1878.

naison australe, observées au cercle méridien par MM. Sabler, Döllen, Winnecke et Gromadski. Le Tome VIII contiendra la réduction de ces observations à 1845,0, commencée par Asten, continuée par M. Backlund depuis la mort de ce dernier. Le Tome IX a déjà paru; il contient les étoiles doubles observées par O. Struve, comprenant les étoiles de W. Struve, plus celles découvertes à Poulkova, en se bornant aux étoiles dont les distances sont inférieures à 16″, la plus belle étant au moins de 7e grandeur : deux circonstances qui augmentent les chances de liaison physique. Ce Catalogue contient onze cents étoiles environ, en dehors desquelles il n'y en a guère qu'une centaine, placées dans les conditions mentionnées, qui aient été trouvées ailleurs ; elles ont du reste été observées depuis à Poulkova et paraîtront dans le Tome X, qui contiendra de plus les positions moyennes absolues de toutes les étoiles doubles de cette catégorie. Le Tome XI est consacré à la suite des observations faites à la lunette méridienne par M. Wagner; le Tome XII donnera les positions moyennes de ces étoiles pour 1865,0, avec leur discussion par M. Wagner; les Tomes XIII et XIV renfermeront le même travail pour les déclinaisons, par M. Nyrén, et de plus les observations de l'instrument du premier vertical.

Au milieu des occupations multiples de la direction, des soucis d'une surveillance continuelle que nécessitent les observations, leur réduction et leur publication, chargé d'administrer une nombreuse population sur laquelle il exerce d'ailleurs une autorité qu'il tient bien plus du respect qui s'attache à son nom et à son caractère toujours plein de bienveillance qu'aux privilèges de son titre, M. O. Struve, qui ne cesse pas d'observer ni de produire des travaux théoriques, ne néglige rien pour maintenir l'établissement qu'il dirige au rang qu'il occupe parmi les observatoires; c'est ainsi qu'il a voulu doter l'Observatoire d'un équatorial dépassant en grandeur et en puissance tous les instruments existants, et que, après avoir obtenu du gouvernement les fonds nécessaires à la construction d'une lunette de 3o pouces français de diamètre, il n'a pas hésité, malgré sa grande connaissance des choses de l'Astronomie, à entreprendre un long et fatigant voyage dans les divers observatoires d'Europe et des États-Unis, pour y recueillir tous les renseignements utiles à la construction d'un instrument de dimensions extraordinaires dans les meilleures conditions possibles. On s'est déjà mis à l'œuvre. Le crown et le flint, fondus par M. Feil, de Paris, sont travaillés par Alvan Clark, le constructeur américain bien connu; la partie mécanique sera confiée aux soins de MM. Repsold (^{1}). Le flint pèse 79^{kg}, le crown 51^{kg}. M. Alvan

---

(^{1}) Le grand équatorial de l'Observatoire de Nice aura $0^m,76$ d'ouverture libre et 18^m de distance focale. Les verres sont fournis par M. Feil; le disque de flint, moulé récemment, pèse 78^{kgm}. La partie optique est confiée à MM. Henry, astronomes de l'Observatoire de Paris; la partie mécanique à M. Eichens.

Clark a proposé de donner une distance focale dont le rapport à l'ouverture fût compris entre les nombres 13 et 20 et s'est engagé à réaliser la distance focale au quarantième de la valeur adoptée; M. O. Struve a choisi un rapport égal à 16, ce qui fera une distance focale de 13^m environ. Les deux verres seront distants l'un de l'autre de 6 pouces; cette disposition permettra de nettoyer les surfaces et d'éviter les oxydations, d'aérer l'objectif avant les observations, et donnera des facilités pour l'achromatisme. Les plans de la nouvelle coupole sont arrêtés et seront mis sous peu à exécution. On construira au sud-ouest une tour de 18^m de diamètre, de forme octogonale, qui sera entourée de salles pour protéger l'instrument contre les températures excessives; la coupole, cylindrique, sera formée d'une épaisse charpente en fer recouverte d'une double enveloppe en feutre; une galerie permettra de circuler autour; l'ouverture des trappes se fera tout le long d'un méridien; les trappes et ce qui concerne le mouvement seront confiés à M. Grubb, de Dublin. Un long corridor mettra en communication le pavillon du grand équatorial et l'Observatoire.

SAINT-PÉTERSBOURG.

(PAWLOWSK).

Un Observatoire de Météorologie et de Magnétisme,
placé sous la direction de M. Wild, est établi à Pawlowsk,
dans les environs de Saint-Pétersbourg, sur un terrain
boisé de 10^{ha} environ de superficie, donné par le
grand duc Constantin. L'Observatoire est de création
récente; il comprend trois pavillons isolés, un pour la
Météorologie et deux pour le Magnétisme; celui qui
renferme les instruments enregistreurs est entièrement
recouvert d'une couche de terre de 1^m,5o d'épaisseur;
la température y est maintenue constamment égale à
+ 21° C. au moyen d'une double enveloppe en maçonnerie, de corridors convenablement construits,
de fourneaux de chauffage et de ventilateurs, qui fonc-
tionnent alternativement et suivant les cas, et cela pour
éviter la détermination des constantes de température.
Tous les enregistreurs importants sont représentés à
l'Observatoire; plusieurs, pour la Météorologie, sont de

M. Wild lui-même. Le magnétographe enregistreur est celui de Kew. L'Observatoire possède une belle bibliothèque, à laquelle M. Golovnine, l'ancien Ministre de l'Instruction publique, a fait don récemment de cinq mille Volumes.

Il existe aussi à Saint-Pétersbourg, sur les bords de la Néva, dans le voisinage du port, un Observatoire météorologique dirigé encore par M. Wild et dont celui de Pawlowsk n'est que la dépendance; mais, bien qu'il y ait nombre d'instruments enregistreurs et de comparaison, c'est bien moins un Observatoire qu'un Bureau chargé de concentrer et de publier les observations faites dans les stations répandues sur toute l'étendue de l'empire, au nombre de cent vingt; ce travail est plus particulièrement confié aux soins de M. Rykatchew ('). Le Bureau reçoit une dotation annuelle de 45 000 roubles.

(') *La marche diurne du baromètre en Russie*, par Rykatchew; Mémoire présenté à l'Académie des Sciences de Saint-Pétersbourg, le 19 décembre 1878.

HELSINGFORS.

L'Observatoire est placé au sud, sur une élévation qui domine la ville et la mer. La disposition générale est celle de l'Observatoire de Poulkova. Il y a trois coupoles au-dessus du bâtiment : celle du milieu contient un équatorial de 7 pouces d'ouverture, d'Utzschneider et Fraunhofer, muni d'un micromètre de position dans lequel la plaque des fils fixes se déplace à l'aide d'une vis. Le directeur, M. Sundell, professeur de Physique à l'Université, observe avec cet instrument et un spectroscope de Schröder les protubérances du Soleil. Un héliomètre de 3 pouces de Fraunhofer est placé dans la coupole de l'ouest ; il n'y a rien dans celle de l'est. Dans la salle méridienne, à l'ouest, on voit un cercle méridien d'Utzschneider et Fraunhofer de 4 pouces d'ouverture, avec un cercle divisé de 3′ en 3′, lu par un seul microscope ; l'instrument se retourne ; il y a une mire au sud et un collimateur au nord. M. Krüger, aujourd'hui à Gotha, alors directeur de l'Observatoire d'Helsingfors, avait commencé avec ce cercle l'observation d'une zone ;

actuellement on s'en sert pour avoir l'heure. Une pendule de Tiede, à interrupteur, placée dans le bâtiment central, à l'abri des brusques variations de température, fait marcher un relais pour les observations méridiennes. Dans une salle, au sud, est installée une lunette brisée faisant fonction de premier vertical.

L'Observatoire donne chaque jour l'heure au port, qui l'annonce à la ville par un coup de canon.

Dans la traversée d'Helsingfors à Stockholm et pendant un arrêt de quelques heures à Abo, nous avons pu visiter l'observatoire qui fut le théâtre des premiers travaux d'Argelander; il ne reste plus aujourd'hui de l'ancien observatoire que le nom.

STOCKHOLM.

L'Observatoire prend de jour en jour plus d'importance sous l'active et savante direction de M. Gyldén. Un équatorial de 7 pouces d'ouverture et 3^m de distance focale, construit par MM. Repsold, installé depuis peu et destiné spécialement à la détermination de parallaxes d'étoiles, a été établi dans des conditions exceptionnelles de stabilité ; le pied cylindrique en fonte repose sur un massif en maçonnerie de grandes dimensions, protégé contre les variations de température par une double enveloppe également en maçonnerie. Le tube de la lunette est en laiton. Le micromètre est semblable à celui de l'équatorial de Potsdam ; il a seulement ici un plus grand nombre de fils, tant sur la plaque des fils fixes que sur la plaque des fils mobiles. La lampe d'éclairage est à l'extrémité de l'axe de déclinaison ; un miroir convexe est fixé sur la face intérieure du flint pour l'éclairage du champ. Les mouvements lents en ascension droite et en déclinaison se font de l'oculaire avec deux manettes qui longent le tube de la lunette, comme dans

les nouveaux instruments de Repsold. Le tube de la
lunette se prolonge au delà de l'objectif par une sorte
de manchon destiné à écarter les lumières étrangères.
On observe au chronographe. La coupole, de forme
cylindrique, comprend une double enveloppe de bois et
de toile, celle-ci à l'intérieur ; elle tourne sur un chemin
de fer mobile semblable à ceux des coupoles de Vienne
et de Potsdam, à l'aide d'un mécanisme analogue ; l'ouverture des trappes se fait tout le long d'un méridien de
la coupole. M. Gyldén a entrepris avec cet équatorial
la détermination des parallaxes de dix-huit étoiles,
de la soixante et unième du Cygne entre autres ; ce
travail sera bientôt terminé. Le cercle méridien est un
vieil instrument de Reichenbach, avec lunette en laiton
à cônes très ouverts, de $0^m,11$ d'ouverture et $1^m,60$
de distance focale, muni d'un seul cercle divisé mobile
dans un deuxième cercle fixe dont on a divisé de minute
en minute les quatre degrés placés aux extrémités
de deux diamètres perpendiculaires sous les quatre
microscopes ; c'est sous une autre forme la réalisation
des idées d'Hansen. Avec cet arrangement on mesure,
à l'aide des microscopes, la distance d'un des traits
du limbe fixe à l'un des traits des degrés du cercle
mobile, et les lectures ne portent que sur un nombre
restreint de divisions que l'on peut, par suite, étudier avec
tout le soin désirable. Un cercle creux en laiton, fixé au
cube par un de ses diamètres, permet de faire tourner la
lunette. On observe au chronographe. Il n'y a ni mires ni

collimateurs; on pointe seulement de temps à autre un
point placé à une distance de 5^{km} sur une colline au sud;
les constantes instrumentales sont toujours déduites des
observations mêmes des étoiles; les observations nadirales se font régulièrement; les images sont d'ordinaire
excellentes et n'ondulent pas; l'instrument se retourne;
l'objectif et l'oculaire peuvent être mis à la place l'un
de l'autre. On a entrepris avec ce cercle méridien l'observation des étoiles, jusqu'à la 8e grandeur, comprises
entre le pôle et 45° de distance polaire; chaque étoile
est observée quatre fois dans les deux positions de
l'instrument et, pour chaque position, en intervertissant
l'objectif et l'oculaire; les étoiles de comparaison sont
celles du Catalogue d'Auwers et d'un Catalogue composé par M. Gyldén pour ce but spécial. M. Gyldén
a pu déjà conclure le mouvement propre pour un
certain nombre de ces étoiles en comparant avec
les anciennes observations. Le chronographe est de
Theorell, de Stockholm; il marque les secondes et
les cinq secondes. La pendule fondamentale est également de Theorell; elle est de petites dimensions
et enfermée à température et à pression constantes
sous la cloche d'une machine pneumatique; elle fonctionne depuis deux ans de la manière la plus satisfai-
sante.

Notons encore une petite lunette brisée assez puissante
pour permettre l'observation de la Polaire dans le jour
et avec laquelle M. Gyldén fait des observations du

Soleil; une lunette analogue sera installée plus tard pour les déclinaisons. M. Gyldén pense qu'avec des instruments de faibles dimensions on peut déterminer l'équinoxe et l'obliquité avec plus de précision qu'avec les grands instruments.

UPSAL.

L'Observatoire astronomique d'Upsal est actuellement
en réparation, et son principal instrument, un équatorial
de Steinheil, est démonté; il sera réinstallé avant peu
pour la reprise des observations. Le directeur, M. Schultz,
est connu pour des observations de Mars, de petites
planètes et de comètes, et de cinq cents nébuleuses dont le
Catalogue a été publié en 1874, plus récemment pour la
publication d'un Traité d'Astronomie qui a paru en 1879.
Jusqu'en 1878, le directeur de l'Observatoire était le
chef du service météorologique; mais, depuis cette
époque, les deux services, quoique restés dans le même
bâtiment, sont distincts, et la Météorologie a son directeur spécial, M. Hildebrand Hildebrandsson.

Les observations météorologiques se poursuivent à
Upsal sans interruption depuis 1722; elles commencèrent
sous la direction d'Ericus Burman et furent continuées
et étendues par son célèbre successeur A. Celsius, qui
découvrit en 1741 l'influence des aurores boréales sur la
boussole. L'ancien directeur de l'Observatoire, M. G.
Svanberg, a organisé, en 1833, un service régulier d'ob-

servations magnétiques avec des instruments de Gauss, installés dans la grande tour du nord du château royal d'Upsal; cette tour fut donnée à l'Observatoire par le roi Charles-Jean, et les instruments y sont encore à leur place. Ces observations, continuées jusqu'en 1863, furent exécutées régulièrement par M. Svanberg, un assistant, et plusieurs observateurs volontaires, élèves de l'Université; les résultats sont publiés dans les grandes publications de Gauss; depuis 1863, on fait seulement de temps à autre des déterminations absolues dans un petit observatoire magnétique construit par Angström dans le voisinage du cabinet de Physique de l'Université. En 1865, MM. Rubenson, Rosen et Hildebrandsson organisèrent, sur la demande de M. Svanberg, une réunion d'étudiants chargés de faire nuit et jour des observations horaires météorologiques. Ces observations furent faites avec une très grande exactitude, sous la direction de M. Rubenson, jusqu'au jour où fut installé un instrument enregistreur de la première construction de Theorell, pendant l'été de 1868. Déjà, en 1866, on avait établi une girouette enregistrant mécaniquement la direction du vent. En 1872, M. Rubenson ayant été nommé directeur du Bureau central à Stockholm, M. Hildebrandsson fut nommé son successeur comme chef du service météorologique à l'Observatoire et installa, en 1873, un appareil imprimeur de Theorell et un anémomètre enregistreur de Robinson. Les observations horaires ont été publiées dans les *Observations météorologiques horaires*

1865-1868 par M. Rubenson, et, à partir de 1869, dans le bulletin mensuel de l'Observatoire météorologique d'Upsal. En 1871, M. Hildebrandsson, dont l'activité est inépuisable comme son amour de la Science, a organisé, avec l'aide des Sociétés d'économie agricole qui existent dans chaque gouvernement du royaume, une étude des orages identique à celle qui a été créée en France avec tant de succès par Le Verrier. On observe en même temps l'état des glaces dans les cours d'eau et près des côtes, et les nuits à gelée blanche; depuis 1873, le champ des observations a été étendu aux phénomènes qui concernent le règne animal et le règne végétal. Le nombre des stations est d'environ quatre cents; les résultats de leurs observations sont publiés dans divers journaux scientifiques et envoyés sous forme de circulaire aux divers observateurs; un Rapport sur les orages de 1871 à 1875 a été publié dans le dernier Tome de l'*Atlas météorologique de l'Observatoire de Paris,* et un Rapport sur les glaces et les phénomènes périodiques dans le Tome I des *Annales du Bureau central météorologique* publiées par M. Mascart. L'ambition de M. Hildebrandsson est maintenant d'obtenir pour son Observatoire météorologique une installation distincte de celle de l'Observatoire astronomique; nul doute qu'il n'arrive bientôt, avec son zèle infatigable pour la Science, à obtenir du gouvernement les fonds nécessaires à la réalisation de son désir, d'ailleurs bien légitime.

LUND.

L'Observatoire actuel a été construit en 1866 sur un terrain appartenant à l'Université, au sud-ouest de la ville. Il consiste en un bâtiment de forme carrée, surmonté d'une coupole, flanqué de quatre pavillons qui ont tous mêmes dimensions. La salle méridienne est placée dans l'aile de l'ouest; elle a 10^m de largeur, 8^m de longueur et 4^m,50 de hauteur; les parois et le toit sont formés d'une double enveloppe en bois; le toit est de plus recouvert de tôle de fer; l'ouverture des trappes est de 1^m environ; les trappes s'ouvrent en tournant autour de charnières.

Cette salle contient un cercle méridien de MM. Repsold, porté par deux piliers en béton qui reposent eux-mêmes sur deux massifs en maçonnerie. La lunette a 0^m,16 d'ouverture et 2^m,30 de distance focale ; le tube est en laiton; le micromètre a des fils mobiles pour les deux coordonnées; il est d'ailleurs analogue à tous les micromètres fournis par ces constructeurs. L'instrument porte deux cercles placés symétriquement, dont un seul est

divisé, mais dont le limbe a reçu deux divisions, une de
10′ en 10′ pour le calage, une autre de 2′ en 2′ pour les
lectures; deux autres fixés aux pièces des coussinets
sont placés en face de ceux-ci; l'un d'eux porte quatre
microscopes; deux autres microscopes auxiliaires peuvent
servir à l'étude des divisions; de part et d'autre du cube
sont deux colliers, l'un pour le frein de calage, l'autre
pour le cercle qui permet de faire tourner la lunette
autour de son axe. L'instrument se retourne; un collimateur est placé au sud, deux mires seront installées
plus tard. Un bain de mercure est établi sous le plancher pour les observations du nadir, que l'on fait d'une
manière commode en appuyant une échelle sur deux
crochets en fer placés de part et d'autre de l'ouverture
des trappes; un second bain de mercure sert aux observations par réflexion. L'éclairage du champ, des fils et
des divisions du cercle s'obtient au moyen d'une lampe
à pétrole placée dans le voisinage du pilier; cette lampe
était autrefois très éloignée, mais l'éclairage était défectueux; on a dû la rapprocher, et, pour éviter l'échauffement de l'instrument, on a interposé un vase en verre à
faces parallèles, rempli d'eau en été, d'un mélange d'eau
et de glycérine en hiver. L'éclairage du cercle divisé et
des microscopes se fait à l'aide de quatre grands miroirs
placés en arrière de la lampe, qui envoient la lumière sur
quatre petits miroirs fixés au porte-microscopes; les
tambours des deux microscopes supérieurs sont éclairés
directement; les microscopes inférieurs reçoivent la

lumière réfléchie par deux miroirs auxiliaires, qui
éclairent en même temps l'index du calage. Pour l'éclairage du champ et des fils, une lentille placée devant la
lampe fait converger les rayons lumineux dans le tourillon. Une grande cage vitrée, mobile sur des rails de
l'est à l'ouest, recouvre l'instrument quand il est au repos
et le protège contre la poussière et les chocs. Les observations se font au chronographe. La pendule fondamentale, installée dans la galerie centrale, au-dessous de la
grande coupole, est de Tiede; de Berlin, l'interrupteur
de Krille, comme à Poulkova; une bonne pendule de
Kessels, d'Altona, est placée dans la salle méridienne. La
flexion de la lunette, les erreurs de division du cercle ont
été déterminées par M. Lindstedt, alors astronome à
Lund, attaché actuellement à l'Observatoire de Dorpat,
qui a donné les résultats de son travail dans une publication relative à la latitude de l'Observatoire de
Lund. La flexion astronomique est de $0'',57$ à l'horizon;
la correction de la moyenne des lectures à deux microscopes est au plus égale à $0'',9$; la latitude a
été déterminée par M. Lindstedt à l'aide d'observations directes et réfléchies de la Polaire dans les
deux positions de l'objectif aux extrémités du tube.
M. Dunér, aidé de M. Engström, observe en ce moment au cercle méridien la zone du *Durchmusterung*
qui est comprise entre 35° et 40° de déclinaison
nord, et dont une partie avait été déjà observée par
M. Lindstedt. On a fait jusqu'ici quatorze mille obser-

vations de sept mille étoiles; il y en aura onze mille
en tout.

Dans la salle de l'est, une lunette méridienne brisée
sert à l'instruction des étudiants.

La coupole centrale contient un équatorial de 9 pouces
d'ouverture et 4^m de distance focale, de Merz et Jünger,
ce dernier de Copenhague. La coupole est cylindrique
et formée d'une double enveloppe en bois; elle a 7^m de
diamètre; elle roule sur des boulets réunis par des
entretoises; les trappes s'ouvrent seulement d'un côté
du zénith dans une moitié de la coupole. L'instrument
est placé sur un pied en béton qui repose lui-même sur
un pilier de briques. Le tube de la lunette est plus long
du côté de l'objectif que du côté de l'oculaire; un
système de leviers disposés le long du tube est destiné
à combattre la flexion de la lunette. Le micromètre, le
mouvement d'horlogerie ont été décrits dans tous leurs
détails par M. Dunér dans son beau travail sur les étoiles
doubles qu'il a observées avec cet instrument.

Le Directeur de l'Observatoire, M. Möller(¹), a fait avec
cet équatorial de nombreuses observations de comètes
et de planètes. M. Visicander y a également observé.
M. Dunér a entrepris depuis 1878, avec le même instru-

(¹) M. Möller fait déjà depuis quelque temps la théorie de la planète
Pandora, par la méthode d'Hansen; les termes du second ordre, par
rapport aux masses, ont été assez considérables pour rendre nécessaire
le calcul des termes du troisième ordre, dont M. Möller s'occupe actuellement. *Voir* les *Mémoires de l'Académie royale de Suède*, 1870 et 1877.

ment et un spectroscope de Merz, des études sur les
spectres des étoiles doubles ; les premiers résultats ont
été publiés dans trois Notes qui ont paru dans les *Astronomische Nachrichten* (¹).

L'Observatoire possède encore un petit équatorial
avec objectif de Gauss, de $0^m,108$ de diamètre et $1^m,08$
de distance focale, placé dans une maisonnette, au sud
du jardin, avec lequel l'infatigable M. Dunér observe
les étoiles variables.

(¹) Nᵒˢ 2200, 2209, 2228.

COPENHAGUE.

L'Observatoire est construit sur le même plan général que celui de Poulkova. Au centre est une coupole avec un équatorial; des deux côtés, à l'est et à l'ouest, sont les salles méridiennes, aux deux extrémités les maisons d'habitation; une salle au sud est destinée à un instrument placé dans le premier vertical. Dans la salle de l'est, une lunette méridienne de $0^m,16$ d'ouverture et $2^m,60$ de distance focale permet de faire rapidement des mesures différentielles des deux coordonnées des étoiles; les pointés en déclinaison s'impriment sur un papier que l'on presse contre les chiffres en relief du tambour de la vis, à l'aide de deux leviers que l'on manœuvre à la main et qui sont ordinairement maintenus écartés par un ressort; la même pression fait avancer le papier pour que les pointés successifs soient distincts les uns des autres. Le micromètre est en communication électrique avec un chronographe, et, si l'on agit instantanément sur les leviers au moment du passage d'une étoile par un fil vertical, on peut enre-

gistrer à la fois les deux coordonnées. L'instrument a
été construit par M. Jurgensen, de Copenhague, d'après
les idées de M. Thiele, le savant directeur de l'Observatoire (¹).

Dans la salle de l'ouest est un cercle de Pistor et
Martins dont la lunette a $0^m,12$ d'ouverture et 2^m de
distance focale ; le tube est en laiton ; il y a deux cercles
divisés l'un de $10'$ en $10'$ pour le calage, l'autre de $2'$
en $2'$ pour les lectures, ce dernier lu par quatre microscopes qui traversent le pilier ; le calage se fait à l'aide
d'un frein qui pince l'axe de rotation ; deux rayons en
cuivre fixés sur l'axe servent à faire mouvoir la lunette.
Il y a un bain de mercure établi en permanence pour
le nadir ; il n'y a pas de mires. On observe au chronographe. La pendule, à interrupteur de Krille, a été construite par M. Jurgensen, de Copenhague. Une plaque
divisée, fixée dans l'un des tourillons, et un microscope
en face, sur le pilier, permettent de faire l'étude des tourillons. C'est avec cet instrument que M. Schjellerup
a observé les étoiles de son Catalogue.

La coupole centrale, de forme sphérique, est recou-

(¹) M. Thiele est connu pour un important travail sur les étoiles
doubles, qui contient d'intéressantes considérations sur les mesures des
distances et des angles de position, les erreurs systématiques et une discussion des méthodes de J. Herschel, de Savary et d'Encke pour le calcul
des orbites, qu'il a appliquées, après quelques modifications, à γ Vierge ;
plus récemment, M. Thiele a fait paraître une étude sur Castor : *Castor,
Calcul du mouvement relatif et critique des observations de cette étoile
double.*

verte de tôle de fer et doublée intérieurement de toile ; elle roule facilement sur des sphères reliées les unes aux autres par des entretoises métalliques ; elle s'ouvre d'un seul côté du zénith ; l'ouverture est fermée par une seule trappe mobile sur la coupole, dans le sens d'un méridien. La lunette de l'équatorial a 10,5 pouces d'ouverture et 16 pieds de distance focale ; le tube est en bois ; la partie qui est du côté de l'objectif est plus longue que celle qui est du côté de l'oculaire. Cet instrument est de Merz et Junger ; c'est avec lui que d'Arrest a fait ses mesures de nébuleuses et divers travaux de Spectroscopie stellaire. M. Pechüle, astronome à l'Observatoire, autrefois à Hambourg, y étudie les spectres des étoiles rouges du Catalogue de Birmingham.

Copenhague possède un Bureau météorologique, dirigé par M. Hoffmeyer, chargé de concentrer et de publier les observations des diverses stations ; plusieurs de ces stations sont complètes ; dans certaines on observe le baromètre et le thermomètre seulement, dans d'autres la pluie ; huit de ces stations sont en mer. Les observations sont publiées tous les vingt jours. Ce Bureau publie deux bulletins météorologiques par jour. M. Hoffmeyer a publié un travail intéressant sur les observations faites sur toute la surface du globe durant les années 1874, 1875 et 1876.

HAMBOURG.

L'Observatoire appartient à la ville et est dirigé par
M. Rümker. On y voit deux instruments méridiens,
une lunette méridienne de 4 pouces de Repsold, et un
cercle méridien, également de Repsold, avec lunette de
4 pouces d'ouverture et $1^m,60$ de distance focale, et
deux cercles divisés de $2'$ en $2'$, de 1^m de diamètre, lus
chacun par un système de quatre microscopes, avec
lequel M. C. Schrader observe une zone comprise
entre $+80°$ et $+81°$ de déclinaison. Mille étoiles ont
été jusqu'ici observées, et chacune d'elles trois fois. Il
y a une mire au sud et un collimateur au nord; les observations se font au chronographe. L'Observatoire possède
encore un équatorial de $0^m,25$ d'ouverture et 3^m de
distance focale, dont l'objectif est de Schroeder et la
partie mécanique de Repsold. Une particularité de cet
instrument consiste en ce que l'on a placé entre l'objectif et l'oculaire une seconde lentille, destinée à
augmenter le champ et à améliorer les images. Il a été
construit d'après les idées d'Hansen pour déterminer les

positions absolues des étoiles et dans des conditions de grande stabilité. Le tube de la lunette est métallique ; le pied en fonte repose sur un massif en maçonnerie très solide ; les axes sont creux et munis de contre-poids disposés de manière à éliminer toute flexion. Les cercles horaire et de déclinaison sont divisés de 2′ en 2′ et lus chacun par un système de deux microscopes. Les divisions du premier et les microscopes sont éclairés par deux becs de gaz placés sur le plancher, derrière deux lentilles. Les tours et fractions de tour de la vis du micromètre sont enregistrés sur un papier par pression contre le tambour. Le cercle de position est placé à l'intérieur du tube de la lunette et lu par deux microscopes. Les mouvements lents en ascension droite et en déclinaison s'obtiennent avec deux manettes disposées le long du tube de la lunette et aboutissant à l'oculaire. M. Rümker observe avec cet instrument des comètes, des planètes et des nébuleuses. M. Helmert, aujourd'hui professeur à Aix-la-Chapelle, y a fait un important travail sur l'amas de l'Écu de Sobieski ; il a comparé ses observations à celles faites par Lamont sur le même groupe.

Dans un pavillon voisin de l'Observatoire, M. Bœddiker est chargé d'étudier les chronomètres de la marine. L'épreuve pour chaque chronomètre dure environ trois mois, pendant lesquels on le soumet à des températures variant de + 5° à + 30° C. ; on le laisse à la même température une dizaine de jours. Chaque année, il est établi un concours, de la durée de six mois, à la suite duquel les meilleurs chronomètres reçoivent une prime de l'État, qui en achète un certain nombre. Il existe une installation importante de ce genre à Wilhelmshaven et une autre moins complète à l'Observatoire de Kiel.

L'Observatoire météorologique de Hambourg, dirigé par M. Neumayer, publie les observations d'une cinquantaine de stations maritimes. Il possède l'importante bibliothèque de Dove. L'installation actuelle est provisoire; elle sera transférée avant peu dans un bel et vaste édifice que le gouvernement allemand fait construire à grands frais à côté de l'ancien, sur une hauteur qui domine le port.

Nous avons visité à plusieurs reprises les importants ateliers de MM. Repsold, qui chaque fois nous ont donné, avec une complaisance que nous ne saurions trop reconnaître, tous les renseignements que nous désirions obtenir. Nous y avons vu l'équatorial de 14 pouces de Poulkova, entièrement renouvelé dans sa partie mécanique; il ne diffère pas d'une manière notable des grands instruments sortis récemment de la maison. Le pied est une colonne creuse en fonte, reposant par trois vis calantes qui permettent de rectifier la position de l'instrument; il est bien moins massif que ceux de nos équatoriaux; sa forme cylindrique et son diamètre relativement faible présentent des facilités très grandes pour les évolutions de la lunette et pour les mouvements mêmes de l'observa-

teur : ce sont là sans doute des avantages considérables,
quand ils ne sont pas obtenus au détriment de la stabilité.
L'axe horaire, en acier, tourne dans un cylindre en fonte
solidement boulonné sur le pied et sur des coussinets en
fonte ; on peut à tout instant ouvrir ce cylindre pour con-
stater l'état de l'axe et mettre de l'huile sur les coussinets.
L'axe de déclinaison, également en acier, est enfermé
dans une boîte en fonte analogue. Le tube de la lunette
est composé de feuilles de tôle d'acier, rivées les unes
aux autres, dont l'épaisseur diminue en allant vers les
extrémités du tube ; cette diminution ne se produit pas
d'ailleurs d'une manière symétrique de part et d'autre ;
la partie du tube qui est du côté de l'oculaire étant plus
courte que celle qui est du côté de l'objectif, les épais-
seurs sont combinées de manière à maintenir l'équilibre
et à rendre les flexions égales ; c'est ainsi que les épais-
seurs varient de $0^m,004$ à $0^m,001$ du côté de l'objectif,
de $0^m,005$ à $0^m,003$ du côté de l'oculaire. L'axe horaire
est soulevé sur ses coussinets par un seul galet d'acier
vertical, dont le plan passe par le centre de gravité de
tout le système ; il roule dans une rainure pratiquée vers
l'extrémité supérieure de l'axe et appuie contre cet axe
par l'action d'un contre-poids placé au-dessus et en avant
de l'axe horaire, à l'extrémité d'un levier coudé à angle
droit, composé de deux branches dont les points d'appui
sont établis sur le cylindre en fonte. On peut à tout
moment vérifier l'axe du galet d'acier ; il suffit pour cela
de visser une vis fixée au levier dans le voisinage du

contre-poids, au point de réunion des deux branches, jusqu'à ce qu'elle vienne butter contre une petite plate-forme ménagée à cette intention sur le cylindre de l'axe horaire, de manière à faire porter toute l'action du contre-poids sur ce cylindre; quand il en est ainsi, l'axe horaire repose lui-même de tout son poids sur les coussinets et le galet se trouve entièrement dégagé. Le calage de l'axe horaire et les mouvements lents en ascension droite se font à l'aide de deux tiges disposées le long du tube et aboutissant à l'oculaire; ces tiges commandent deux roues dentées établies à frottement doux sur l'axe de déclinaison et mobiles d'une manière indépendante autour de cet axe; l'une d'elles sert à prendre l'axe horaire dans un collier à l'aide d'une pince, l'autre permet de faire les petits mouvements. Cette disposition, fort commode, évite les déplacements ou les ennuis d'une longue tige suspendue entre l'observateur et l'instrument. Le mouvement d'horlogerie est dans le pied; le régulateur consiste en une tige d'acier légèrement conique, pincée par son extrémité la plus mince, qui agit en vertu de son élasticité ('); la vis sans fin qui transmet le mouvement engrène avec les dents d'un cercle plein fixé à la partie supérieure de l'axe, contre lequel elle est fortement appuyée par une vis. Les divisions sont tracées sur un second cercle voisin du précédent. Le

---

(') C'est le régulateur adopté pour l'équatorial de l'Observatoire de Toulouse par MM. Brünner.

cercle de déclinaison est placé près du tube de la lunette. Le micromètre se visse dans un collier auquel il peut être fixé par une vis; ce collier glisse dans une pièce attachée au tube de la lunette; les déplacements déterminés par une vis sont mesurés sur une règle divisée. Dans le micromètre, comme dans tous les micromètres ou microscopes fournis par la maison, on a la possibilité de changer l'origine du fil mobile par rapport aux fils fixes; la vis s'engage dans un écrou pratiqué tout le long d'un des côtés du cadre du fil mobile et vient ensuite butter contre l'extrémité d'une seconde vis prise dans la boîte même du micromètre; le mouvement est dirigé par une seule tige d'acier fixée à cette boîte, qui traverse le même côté du cadre dans le voisinage de la vis; dans une échancrure creusée dans ce côté le long d'une partie de la tige, un ressort maintient la vis constamment appuyée contre l'écrou. Une troisième vis déplace la boîte même du micromètre, c'est-à-dire l'ensemble des fils fixes et des fils mobiles. La première disposition permet d'éliminer les erreurs du pas de vis, la seconde d'observer dans les diverses parties du champ de la lunette. L'éclairage se fait avec une lampe à pétrole placée dans le voisinage de l'oculaire, à la portée de l'observateur; la lumière pénètre d'abord dans le chercheur, dans une direction perpendiculaire à l'axe, et en sort ensuite en traversant une lentille qui la fait converger sur un miroir plan en métal de forme elliptique, percé en son centre, et placé dans une position inclinée de 45° entre le chercheur et la lunette. Ce miroir fait trois parts de la lumière : une première partie est réfléchie le long de la lunette sur trois miroirs fixés sur le tube dans le prolongement de l'axe de déclinaison, pour l'éclairage des cercles de déclinaison et d'ascension droite ; une deuxième partie traverse le miroir et vient tomber dans le tube sur un prisme à réflexion totale qui renvoie les rayons sur un miroir convexe placé vers le milieu de la lunette pour l'éclairage du champ ; une troisième partie, celle qui passe tout autour du miroir, pénètre dans la lunette à travers une ouverture cylindrique pratiquée dans la paroi du collier sur lequel le micromètre est vissé, tombe sur un second miroir plan analogue au premier, incliné de 45° en avant de l'oculaire et percé en son centre pour laisser passer la lumière destinée à l'éclairage du champ, et est renvoyée du côté de l'oculaire sur un biseau disposé dans le micromètre pour l'éclairage des fils. Une faible portion de cette lumière est réfléchie par deux prismes sur les divisions du cercle de position ; une autre portion sert à éclairer le tambour de la vis micrométrique par l'intermédiaire d'un système formé d'un prisme et de deux miroirs. Ce dernier appareil peut d'ailleurs être facilement enlevé, dans l'équatorial de Poulkova, et remplacé par un autre pour l'enregistrement des pointés du fil mobile, ainsi que cela se fait dans nombre d'équatoriaux. Le cercle de position est lu par deux loupes munies de plaques de verre divisées par la Photographie.

La lecture du calage en déclinaison se fait à l'aide de deux lunettes pointées sur deux index ; ces deux lunettes sont munies de microscopes pour le cas où l'on voudrait faire des lectures plus précises. Une lunette ordinaire permet de lire le calage en ascension droite ; il n'y a pas ici de microscope comme il en existe dans l'équatorial de Strasbourg. Les lectures peuvent se faire d'ailleurs directement avec deux petits microscopes sur un cercle fixé à l'extrémité inférieure de l'axe horaire.

Dans les cercles méridiens de la maison Repsold, l'éclairage du champ s'obtient par l'intermédiaire d'un miroir convexe collé au centre de la face intérieure du flint ; dans le cercle de Lund, il y en a deux réunis et fixés contre l'objectif par une lame métallique ; ce dernier système a l'inconvénient de donner des bandes de diffraction. Avant l'adoption du procédé actuel, la lumière était lancée par un prisme soit vers l'oculaire, soit encore vers l'objectif, mais on avait ainsi un champ irrégulièrement éclairé, et dans le dernier cas des images étrangères. Pour les fils brillants, un prisme envoyait les rayons sur deux prismes voisins des fils dans le micromètre ; on se sert maintenant d'un nombre double de prismes. L'éclairage des fils au moyen de la lumière électrique, dans les équatoriaux, a été l'objet de tentatives restées infructueuses (¹).

(¹) Il existe un éclairage de ce genre à l'équatorial de la tour de l'ouest de l'Observatoire de Paris, organisé par M. Wolf.

Les instruments en cours de construction dans les ateliers de MM. Repsold sont les suivants : l'équatorial de Poulkova, dont la partie mécanique, le tube et le pied devaient être renouvelés, un équatorial de 18 pouces destiné à l'Observatoire de Milan, un héliographe pour Potsdam, un héliomètre de 6 pouces et un cercle méridien pour l'Amérique, une lunette méridienne destinée au Japon.

KIEL.

L'Observatoire est sans directeur depuis la mort de Peters; le fils du savant astronome en remplit provisoirement les fonctions. Cet établissement est installé à 4^{km} au nord de la ville, sur une hauteur qui domine le port. On y voit un cercle méridien de Reichenbach, semblable à celui de Stockholm, avec un cercle divisé, mobile dans un cercle fixe lié au porte-microscope; les quatre degrés placés aux extrémités de deux diamètres perpendiculaires sont seuls divisés dans ce dernier cercle. Les points d'appui des leviers qui servent à soulager les coussinets sont indépendants des piliers de l'instrument. La lunette se retourne; il y a deux mires. M. Schumacher y observe les étoiles comprises entre le pôle et + 80° de déclinaison. Les observations peuvent être faites au chronographe; ce chronographe est de Knoblich, d'Altona; la pendule à interrupteur est de Jurgensen, de Copenhague; il y a encore une pendule à compensateur barométrique de Knoblich et une bonne pendule de Breguet. Un équatorial de 8 pouces de

Steinheil est employé par M. W. Peters à l'observation de nébuleuses de faible éclat; les plus belles sont observées avec un équatorial de Repsold par M. Lampf. On installera avant peu un nouvel équatorial pour des observations par la Photographie.

BONN.

L'Observatoire date de 1843. C'est un seul corps de
bâtiment avec une coupole au centre, deux à l'est, deux
à l'ouest, deux autres au sud, réunies par couples et
séparées de la coupole centrale par deux salles méridiennes et une salle pour un instrument établi dans le
premier vertical. Dans l'une des coupoles de l'est se
trouve un équatorial de Schroeder, de 6 pouces d'ouverture, dont le tube de la lunette est en bois, sans mouvement d'horlogerie, avec lequel le Directeur de l'Observatoire, M. Schönfeld, bien connu par de nombreux
travaux, plus particulièrement pour ses Catalogues
d'étoiles variables et de nébuleuses, autrefois le collaborateur d'Argelander, continue le Catalogue du célèbre
astronome pour les régions du ciel comprises entre 2"
et 23° de déclinaison australe. M. Schönfeld observe
avec un oculaire muni de gros traits, analogue à celui
employé par MM. Henry pour leurs Cartes écliptiques;
il se place complètement dans l'obscurité et indique à
haute voix le passage de l'étoile par le nombre qui

représente la grandeur, note lui-même cette grandeur
si elle est comprise entre deux grandeurs entières, et
inscrit les déclinaisons sur un papier enfermé dans un
carton percé de larges ouvertures distribuées régulièrement, qui permettent de se guider dans l'écriture sans
lumière, tandis qu'un aide installé sous le plancher, en
face d'une pendule, inscrit de son côté le temps du passage
et la grandeur de l'étoile. M. Schönfeld a trouvé souvent
de grands avantages à se servir de verres de couleur
interposés sur la lumière destinée à éclairer le champ,
pour la perception des étoiles faibles. Ce travail considérable, commencé seulement en 1876, est aujourd'hui
fort avancé : M. Schönfeld a fait déjà trois cent mille
observations; chaque étoile a été observée presque toujours trois fois, au moins deux fois; le nombre total
d'étoiles à observer est d'environ cent trente mille,
nombre relativement fort si l'on considère que l'étendue
de cette région du ciel est à peine un peu plus du
tiers (0,34) de l'étendue des zones d'Argelander.
M. Schönfeld dresse au fur et à mesure des Cartes qui
seront la continuation et le complément de celles d'Argelander.

On observe aussi, à Bonn, une zone du *Bonner
Durchmusterung* s'étendant de $+40^\circ$ à $+50^\circ$, double
de celles qui sont en général confiées à chaque observatoire; les observations sont faites par M. Deich-
muller avec un cercle méridien de Pistor et Martins, de
4,3 pouces, placé dans la salle est; chaque étoile est

observée dans les deux positions de l'instrument. La pendule est de Kessels, avec compensateur barométrique.

Dans la salle du premier vertical est une lunette méridienne dont l'axe porte un vernier qui se déplace sur un arc de cercle fixe de 12° environ et qui a servi à Argelander pour certaines régions du ciel boréal.

Dans la coupole centrale est placé un héliomètre d'Utzschneider, de 6 pouces, avec lequel MM. Winnecke et Krüger, qui furent avec M. Schönfeld les élèves d'Argelander à Bonn, ont fait des observations de parallaxes d'étoiles.

Un cercle méridien, construit par MM. Repsold sur le modèle de ceux de Strasbourg et Bruxelles, vient d'arriver à l'Observatoire et sera bientôt installé dans une des salles de l'ouest, à la place qu'occupe actuellement un petit instrument universel.

LEYDE.

L'Observatoire a été bâti en 1860; il y a encore ici au centre une coupole avec un équatorial, deux salles de part et d'autre à l'est et à l'ouest, et les maisons d'habitation aux deux extrémités; le bâtiment central se prolonge un peu vers le sud et se termine par une seconde coupole un peu moins grande que la précédente et établie à une hauteur moindre; au nord-ouest, un pavillon isolé contient un équatorial de 6 pouces, provenant de l'ancien Observatoire.

Un cercle méridien de Pistor et Martins, dont la lunette a une ouverture de $0^m,16$ et une distance focale de $2^m,70$, a été installé en 1861 par Kaiser dans la salle de l'ouest. Depuis cette époque, l'instrument a reçu des additions et des modifications nombreuses, notamment en 1874, pendant le passage de Vénus; on en a étudié de nouveau avec un soin particulier les diverses parties; tous les défauts de construction ont été analysés minutieusement, et, quand on n'a pu les éliminer, on a déterminé leurs effets sur les observations le plus souvent, et lorsque cela était possible, par des méthodes différentes qui se contrôlaient mutuellement; ces conditions en font un des instruments les mieux installés parmi les cercles méridiens existants. La salle méridienne a 10^m de largeur, 7^m de longueur et 5^m de hauteur; les murs sont en maçonnerie; le toit est formé d'une double enveloppe en bois recouverte de zinc, avec du chaume dans l'intérieur; les trappes, également doubles, s'ouvrent en glissant sur le toit; un second système de trappes facilite l'aérage de la salle. Les piliers en maçonnerie sur lesquels l'instrument repose sont recouverts d'une enveloppe de feutre au-dessus de laquelle est placée à distance une seconde enveloppe de zinc. Avant que l'on adoptât cette disposition, et à l'époque de l'observation de la zone d'Argelander dont l'Observatoire s'était chargé, la présence seule de l'assistant qui lisait l'un des microscopes suffisait pour produire un déplacement de l'origine dans le cercle divisé, et ce déplacement allait en augmentant d'une manière graduelle. Une première tentative pour éliminer cette cause d'erreur avait échoué, parce qu'on avait placé le zinc immédiatement au-dessus du feutre; depuis qu'on l'a éloigné, la variation ne s'est plus reproduite. Le tube de la lunette et l'axe sont en laiton; les tourillons en acier reposent sur des coussinets en bronze. L'objectif et l'oculaire peuvent être changés de place aux extrémités du tube. Il y a deux cercles divisés de $5'$ en $5'$, de 1^m de diamètre environ. Le calage de la lunette se fait avec un frein qui pince l'axe dans un collier à côté du cube ; ce frein s'engage, d'autre part, entre un ressort et une vis fixés au pilier, par une pièce articulée dans le plan de l'axe de rotation de la lunette, de manière à éviter toute flexion de cet axe par l'effort exercé dans le calage. Quatre rayons métalliques plantés dans l'axe servent à faire mouvoir la lunette. L'instrument est soulevé sur les coussinets au moyen de deux crochets qui prennent l'axe entre le cube et les cercles. Chaque cercle est lu par un système de quatre microscopes placés aux extrémités de rayons fixés dans la pièce des coussinets. Le micromètre est muni d'un grand nombre de fils fixes en ascension droite, pour les observations au chronographe, d'un fil mobile et de plusieurs fils fixes en déclinaison. L'éclairage s'obtient avec deux lampes à pétrole à double courant d'air, dont les flammes présentent une grande stabilité, placées de part et d'autre à 1^m,3o des piliers. Un système de deux prismes lance la lumière soit sur un petit miroir convexe collé sur la face intérieure du flint pour l'éclairage du champ, soit sur un système de quatre prismes placés dans le micromètre pour la production des fils brillants sur champ obscur. Un tamis disposé dans l'un des cônes de l'axe, et que l'on incline plus ou moins, sert à régler l'intensité de la lumière. Autrefois la lumière qui éclairait les divisions des cercles arrivait par quatre tubes fixés aux pièces qui portent les coussinets ; l'éclairage était défectueux, et l'on éprouvait de grandes difficultés à le régler, à cause de l'inclinaison du plan du

limbe sur le plan du cercle ; actuellement, quatre colonnes
en fer, deux au nord et deux au sud, portent chacune
deux miroirs qui reçoivent la lumière de la lampe et
la renvoient ensuite sur les biseaux réflecteurs qui ter-
minent les microscopes ; on a pu, dans ces conditions,
mettre des grossissements de 5o fois, tandis qu'aupa-
ravant on n'avait jamais pu dépasser 15 fois. Quatre
lentilles disposées un peu en avant de chaque lampe
servent à éclairer les tambours des microscopes. Quand
on n'observe pas, l'instrument est recouvert par une
cage vitrée mobile sur des rails de l'est à l'ouest. Il y a
deux mires de 100^m et 65^m de distance focale, que l'on
éclaire, comme à Poulkova, en plaçant alternativement
sur les piliers des objectifs de mire une lampe derrière
une lentille. Ces piliers sont dans la salle méridienne,
comme à Poulkova. Le bain de mercure consiste en
une plaque circulaire de cuivre amalgamé recouvert
d'une mince couche de mercure ; des expériences nombreuses semblent avoir donné une préférence marquée
à cette disposition. Il est porté sur un plancher qui
s'appuie contre les piliers de l'instrument ; les images
sont d'une netteté et d'une fixité remarquables si, pendant les pointés, on a soin d'entourer le bain avec un
cylindre en carton, afin de le protéger contre les agita-
tions de l'air. Un deuxième bain de mercure peut être
placé sur un plancher qui repose contre les piliers de l'instrument et l'un des piliers des objectifs de mire pour les
observations par réflexion. Les erreurs de division des

cercles ont été données dans le Tome II des *Annales* de
l'Observatoire; le même Volume contient une étude
approfondie sur la flexion verticale, reprise depuis par
M. Bakhuyzen; les coefficients de $\sin z$ ont été trouvés
différents avec les deux cercles : $0'',23$ est la valeur
absolue pour l'un, $0'',09$ pour l'autre. Il existe aussi une
faible flexion latérale qui ressort des valeurs de la col-
limation déduites d'une part du retournement sur la
mire, de l'autre des observations nadirales. Les tourillons, usés par les crochets du niveau, ont dû être de
nouveau travaillés et étudiés une seconde fois avec un
appareil décrit dans le Tome I des *Annales* et modifié
depuis par M. Bakhuyzen; puis, pour éviter la reproduction d'un fait semblable, on a placé de chaque côté,
sur la pièce des coussinets, un levier qui agit au moyen
d'un ressort sur les crochets, de manière à soulager les
tourillons d'une partie du poids du niveau. Enfin un
dernier fait, qui témoigne du soin avec lequel M. Bakhuyzen a étudié son instrument, se manifeste dans la
comparaison des lectures aux deux cercles pour une
position déterminée de la lunette; il y a entre elles
une différence qui atteint $0'',3$ ou $0'',4$, tantôt dans
un sens, tantôt dans l'autre, suivant le sens de la rotation imprimée à la lunette pour l'amener dans cette
position. Cette anomalie tient sans doute aux résistances inégales qu'opposent à la rotation les crochets
qui soulèvent l'axe, et qui ont pour effet de produire
une torsion dans l'axe lui-même.

Les observations se font au chronographe, avec une pendule à interrupteur de Knoblich, placée contre le pilier du grand équatorial; le chronographe est dans une salle voisine; la pendule fondamentale à compensateur à mercure est de Hohwü, d'Amsterdam, et installée dans la salle méridienne, dans une double cage en bois qui la protège contre les brusques variations de température. Un microphone permet à l'observateur de s'assurer à tout instant du fonctionnement du chronographe. Des études fort intéressantes ont été faites par M. Bakhuyzen sur les variations d'amplitude du balancier avec la température, en fixant à l'extrémité de ce balancier un petit miroir qui réfléchissait un point lumineux sur une échelle divisée. Des courbes ont été également tracées pour représenter les variations de l'amplitude avec la position du poids.

Signalons enfin quelques appareils auxiliaires complétant cette belle installation. Un couvercle à mailles métalliques serrées, semblable à ceux adoptés pour les héliomètres, peut être placé devant l'objectif, dans une position plus ou moins inclinée, pour l'observation d'une même étoile dans des conditions différentes d'éclat. En faisant ces observations de manière à éviter les erreurs systématiques, observant d'abord une étoile aux fils qui sont d'un côté du méridien avec obturateur, puis avec l'objectif libre, faisant l'inverse pour l'étoile suivante, on a été conduit à cette conclusion constante, à savoir que l'on observe toujours plus tard les étoiles les plus faibles.

Un appareil destiné à l'étude des équations personnelles est établi sur le pilier de l'objectif de la mire nord.
Un système composé de deux prismes, pour l'achromatisme, mû par un mouvement d'horlogerie, envoie dans
la lunette, par l'intermédiaire de deux miroirs plans ([1]),
l'image de la mire, dont on observe les passages à travers
les fils comme pour une étoile ; ces passages sont, d'autre
part, enregistrés automatiquement au moyen de contacts
électriques : la comparaison des résultats obtenus permet
de conclure l'équation personnelle. Ces observations se
font d'ailleurs à des hauteurs variables de la lunette ; on
peut aussi opérer en se servant du bain de mercure,
auquel cas un seul miroir suffit. Un avantage incontes-
table de ce procédé tient à ce que les observations sont
faites dans les mêmes conditions que celles des astres
eux-mêmes, ce qui est sans doute de la dernière importance dans des recherches de cette nature.

Le cercle méridien est employé depuis quelque temps
déjà à l'observation de quatre-vingt-dix étoiles circompolaires dont la grandeur n'est pas inférieure à la 7ᵉ,
distantes du pôle de 6°,5 au plus ; chaque étoile est observée directement et par réflexion dans les deux positions de l'instrument, et, pour chaque position, en
intervertissant l'objectif et l'oculaire, ce qui fait seize

([1]) Ces deux excellents miroirs, fournis par M. Martin, sont légèrement sphériques. M. Bakhuyzen a trouvé 14^{km}. pour le rayon de l'un
et 20^{km} pour celui de l'autre.

opérations pour l'observation complète d'une étoile. Cet
important travail, interrompu momentanément par la
détermination de la longitude entre Leyde et Greenwich,
faite par M. Bakhuyzen et son frère, qui remplit à l'Observatoire les fonctions de premier astronome, sera repris
incessamment. M. Bakhuyzen doit en outre entreprendre,
de concert avec M. Gill, directeur de l'Observatoire du
Cap, la formation d'un Catalogue de quatre cents étoiles
environ, parmi lesquelles un certain nombre, situées
dans le voisinage du zénith de l'un des Observatoires et
près de l'horizon pour l'autre, permettront d'étudier les
effets de la réfraction à une faible hauteur; deux cents
étoiles de l'hémisphère sud serviront d'étoiles de comparaison pour le Catalogue en cours d'exécution de
M. Schönfeld.

L'Observatoire possède encore divers instruments.
Dans la coupole du sud est installé un vieil équatorial
d'Utzschneider et Fraunhofer, avec tube et pied en bois,
servant à faire les observations courantes de comètes et
de planètes. La coupole est de forme sphérique, recouverte en bois, avec une seconde enveloppe extérieure
en toile; elle roule sur des sphères. Dans la coupole du
nord, un équatorial de 7 pouces de Merz, avec tube en
bois et mouvement d'horlogerie d'Eichens, auquel on
peut adapter un micromètre à double image d'Airy, a
servi à faire des mesures d'étoiles doubles et des diamètres
des planètes qui ont été publiées dans le Tome III des
Annales; ce même Volume contient une relation très

détaillée sur ce micromètre. M. Bakhuyzen y a fait, dans ces derniers temps, des mesures du diamètre de Mars. La coupole est sphérique, recouverte en bois avec revêtement en zinc. Une vaste salle placée entre les deux équatoriaux contient une collection nombreuse d'instruments divers, et parmi eux les appareils imaginés par Kaiser pour la détermination de l'équation personnelle, un chercheur de comètes de Merz, un petit instrument brisé de Repsold, de 2 pouces d'ouverture, avec lequel M. Bakhuyzen se propose d'observer dans divers azimuts les étoiles qui seront observées au méridien, en commun avec M. Gill. Pour la circonstance, cet instrument sera installé sur un pilier établi dans la coupole isolée du nord-ouest; il occupera cette place alternativement avec un héliomètre de Merz, destiné à des observations sur la libration de la Lune. Il y a encore un chercheur de Steinheil dans la même coupole.

Il convient encore de citer un instrument construit par Repsold, imaginé par M. Bakhuyzen, destiné dans le principe à faire des mesures des photographies du passage de Vénus, lequel peut être utilement employé à l'étude des vis et en particulier à l'étude de la vis du micromètre à double image d'Airy.

Les quatre premiers Volumes des *Annales* de l'Observatoire, contenant, le Tome I une description complète de l'Observatoire, des instruments et les observations faites avec le cercle méridien, les Tomes II et III des positions d'étoiles pour les déterminations de longitudes et de latitudes, tous trois parus au nom de Kaiser, alors directeur de l'Observatoire, le Tome IV publié à la fin de 1872 par le nouveau directeur et renfermant la première partie de la zone du *Durchmusterung* d'Argelander, s'étendant de $+ 29°50'$ à $+ 35°10'$, seront bientôt suivis d'autres Volumes; le Tome V donnera la suite et la fin de la zone, le Tome VI la réduction des observations faites en décli-- naison au cercle méridien, directement et par réflexion dans les deux positions de l'instrument; les ascensions droites seront publiées ultérieurement. Les observations des distances polaires du Soleil ont été déjà réduites, dans un travail relatif à l'inclinaison de l'écliptique, par le frère de M. Bakhuyzen (¹). Les observations de α et δ Petite Ourse ont été publiées au fur et à mesure.

(¹) *Bepaling van de Helling der ecliptica uit waarnemingen verricht aan de Sterrenwacht te Leiden.* Leiden, E.-J. Brill, 1879.

BRUXELLES.

L'Observatoire a été construit en 1830; il comprend
un seul bâtiment divisé en trois parties : l'aile de l'ouest
est habitée par le directeur; la partie centrale renferme
la salle méridienne; les bureaux, la bibliothèque et divers
instruments sont installés dans le corps de bâtiment qui
se trouve à l'est. La salle méridienne contient une
lunette de Gambey de $0^m,16$ d'ouverture et $2^m,40$ de
distance focale, et un cercle mural de Troughton, de
$1^m,30$ de diamètre; on y observe les étoiles fondamentales et les étoiles de culmination lunaire; on reprend
en outre la détermination de la latitude au cercle mural,
et M. Lagrange (¹), astronome de l'Observatoire, étudie
la flexion de la lunette par la méthode de Bessel. La
pendule sidérale de la lunette méridienne est de Kessels,

(¹) *De l'origine et de l'établissement des mouvements astronomiques,*
1ʳᵉ *et* 2ᵉ Partie, 1878 *et* 1879. *Recherches sur l'influence de la forme des
masses dans le cas d'une loi quelconque d'attraction diminuant indéfi-
niment quand la distance augmente,* 1880; par Lagrange. Hayez, imprimeur.

d'Altona. Au-dessus du bâtiment de l'est est placé depuis trois ans un équatorial construit par Cooke, d'York, avec un objectif de Merz de $0^m,15$ de diamètre et $2^m,60$ de distance focale; le micromètre est disposé pour l'enregistrement des pointés faits avec le fil mobile; l'instrument est muni d'un mouvement d'horlogerie. M. Niesten (¹) y observe les phénomènes des satellites de Jupiter, y fait des mesures d'étoiles doubles et des dessins de diverses planètes. Un jeune élève astronome a fait avec un équatorial de nombreux dessins de la Lune. Au-dessus du bâtiment occidental est installé un équatorial de Troughton et Simms, de $0^m,09$ d'ouverture et $1^m,50$ de foyer, dont l'axe horaire, formé de quatre barres en métal reliées par deux cercles, repose par ses extrémités sur deux piliers en maçonnerie supportés par une voûte. Le tube de la lunette est en laiton. Cet instrument est employé à l'observation des satellites de Jupiter. L'Observatoire possède depuis quelque temps une installation spectroscopique, placée dans la partie ouest du bâtiment, dans une salle du premier étage, confiée à M. Fievez, qui dispose d'un spectroscope à dix prismes de Young, construit par Grubb, d'un spectroscope de Christie, construit par Hilger, de Londres, et d'un réseau de Rutherfurd ayant sept cents traits par millimètre; une bobine de Ruhmkorff, avec condensateur,

---

(¹) *Observations sur l'aspect physique de Jupiter et Mars pendant les oppositions de 1878 et 1880;* par Niesten. Hayez, imprimeur.

construite par Gaiffe, de Paris, peut donner une étincelle de o^m,5o.

Un nouveau cercle méridien fourni par la maison Repsold, semblable, à quelques détails près, aux cercles de Strasbourg et de Bonn, est provisoirement établi dans une cabane au milieu du jardin. Le tube et l'axe de la lunette sont en laiton; les tourillons, en acier, reposent sur des coussinets en bronze fixés au centre des faces de deux tambours en fonte couchés sur deux piliers en maçonnerie. La lunette a o^m,15 d'ouverture et 1^m,90 de distance focale; l'axe porte deux cercles divisés de o^m,60 de diamètre; ces cercles sont placés en entier en regard des tambours, de manière que toutes leurs parties se trouvent dans les mêmes conditions de température. Les leviers chargés de diminuer le frottement des tourillons ont leurs points d'appui sur les tambours; les crochets prennent l'axe de rotation entre le cube et les cercles divisés; les contre-poids sont placés sous le plancher, aux extrémités de deux chaînes qui traversent les piliers. Quand l'instrument est enlevé des coussinets pour le retournement ou une autre cause, des poids établis en permanence entre les deux piliers sont attachés aux crochets, afin que les tambours se trouvent toujours soumis aux mêmes forces et qu'il ne puisse se produire des mouvements dus à une modification dans l'état d'équilibre des diverses parties. L'un des cercles est divisé de 2' en 2', l'autre de degré en degré seulement, à l'exception des quatre degrés placés aux extrémités de

deux diamètres perpendiculaires, divisés également de
2′ en 2′. Le second cercle est mobile autour de l'axe de
la lunette au moyen d'un engrenage; il peut être maintenu dans une position invariable par deux vis de pression
qui agissent du même côté du cercle dans un sens
parallèle à l'axe. Chaque tambour en fonte porte quatre
microscopes pour la lecture des cercles; quatre petites
lunettes, deux de chaque côté, correspondant aux positions de l'observateur au nord et au sud, permettent de
lire le calage. La lunette peut être fixée à l'aide d'un
frein qui serre l'axe dans un collier, près du cube, et
s'engage dans une pièce métallique encastrée dans l'un
des piliers et munie d'une vis de rappel. L'observateur
peut caler l'instrument avec une tige disposée le long du
tube, sans quitter son siège, et agir de même sur la vis
de rappel avec une corde qui s'enroule sur une poulie
dans le voisinage de l'oculaire et passe ensuite sur une
roue mobile autour de l'axe de la lunette pour aboutir
à la vis. On fait mouvoir l'instrument en prenant à la
main un cercle creux, en cuivre très léger, fixé à côté du
cube. Toutes ces pièces sont équilibrées avec soin, afin
que l'instrument se trouve également chargé de part et
d'autre de l'axe optique de la lunette. Le micromètre
possède un grand nombre de fils mobiles verticaux pour
les observations au chronographe; il y a deux plaques de
fils mobiles, une pour l'ascension droite, l'autre pour la
déclinaison. Un chronographe est commandé à Dent.
Deux lampes placées à distance contre les parois de la

salle éclairent le champ, les fils et les divisions des
cercles. Un bain de mercure est établi en permanence
sous le plancher pour les observations du nadir; un
autre placé sur un chariot servira aux observations par
réflexion : il y a un collimateur installé sur un pilier au
nord, un autre au sud. Les tourillons ont un diamètre
de $0^m,10$; dans l'un d'eux est fixé un objectif; dans l'autre,
au foyer de cet objectif, une plaque de verre ayant à son
centre un petit anneau qu'on y a tracé par la Photographie; de cette manière, l'axe est lui-même un collimateur que l'on pointe avec deux lunettes munies de
microscopes reposant sur deux piliers établis dans la
ligne est-ouest, ce qui permet de contrôler les valeurs et
les variations de l'inclinaison obtenues avec le niveau,
de rectifier au besoin la position de l'axe, et, de plus,
d'étudier la forme des tourillons. Des vis placées dans
les pieds qui font porter les tambours en fonte sur les
piliers en maçonnerie servent à régler en azimut et en
hauteur. Cet instrument n'est pas employé à des observations régulières; l'observateur de la lunette méridienne,
M. Goemans, y étudie les erreurs de division des cercles.
Il ne sera installé d'une manière définitive que dans le
nouvel Observatoire, dont la création est rendue de plus
en plus nécessaire par l'extension toujours croissante de
la ville dans les environs de l'Observatoire actuel, bien
moins encore que par l'insuffisance d'espace, qui rendrait
dès à présent impossible l'établissement d'instruments
nouveaux; c'est là aussi seulement que sera monté un

équatorial de 15 pouces, à objectif de Merz, construit par Cooke, et que l'on est obligé de tenir enfermé dans les caisses, faute de place.

Les publications de l'Observatoire se poursuivent activement; plusieurs Volumes de la nouvelle série, inaugurée avec la direction de M. Houzeau, ont paru ou sont sur le point de paraître. Le Tome I contient les travaux personnels de M. Houzeau, son uranométrie des deux hémisphères, donnant toutes les étoiles visibles à l'œil nu jusqu'à la 6ᵉ grandeur, et un précieux recueil des constantes de l'Astronomie. Les Tomes II et III donnent les observations de dix mille étoiles soupçonnées d'avoir ou ayant réellement un mouvement propre notable ; le Tome IV en publiera le Catalogue. M. Houzeau a entrepris en outre, avec la collaboration de M. Lancaster, bibliothécaire de l'établissement, la publication d'une bibliographie générale de l'Astronomie, en trois Volumes ; les deux premiers seront bientôt terminés ; le deuxième, qui contient l'indication des Mémoires des Académies, des Sociétés savantes et des articles des Journaux, paraîtra d'abord ; puis viendront le Tome I, consacré aux publications individuelles, et enfin le Tome III, relatif aux observations.

Le magnétisme et la Météorologie occupent une place importante dans les travaux de l'Observatoire. Dans l'une des salles de l'est, une boussole de déclinaison, un barreau bifilaire de Gauss et une aiguille d'inclinaison, observés quatre fois par jour et de trois en trois heures, permettent de contrôler les résultats fournis par des enregistreurs photographiques construits sur le modèle de ceux de Kew par Adie, de Londres, et installés dans le sous-sol. Parmi les instruments météorologiques, il convient de citer les enregistreurs photographiques pour thermomètre et baromètre, du même constructeur, un électromètre enregistreur photographique de Thomson, construit par Wite, de Glascow, et un météorographe électrique pour thermomètre, baromètre, direction et vitesse du vent, imaginé par Rysselberghe, météorologiste de l'Observatoire, construit par Schubart, de Gand, qui trace avec un seul burin, sur une feuille métallique enroulée autour d'un cylindre, les courbes répondant aux divers instruments, lesquelles peuvent être ensuite reproduites par l'impression à un grand nombre d'exemplaires avec une extrême facilité. L'instrument est en fonction à l'Observatoire depuis le commencement de 1879; il en a été fait huit autres du même genre, distribués dans divers établissements. Citons encore un pluviomètre enregistreur, basé sur le même principe que celui de M. Hervé Mangon, et qui donne la durée, le commencement et la fin de la pluie.

GREENWICH.

L'Observatoire continue, sous la direction du savant astronome royal, M. Airy, la série non interrompue des observations qui ont rendu cet établissement justement célèbre. Les instruments sont bien connus. C'est d'abord le cercle méridien de Troughton, muni d'un seul cercle divisé, avec deux collimateurs, un bain de mercure, sans niveau et sans mires ; l'axe de rotation est lui-même un collimateur que l'on pointe avec une lunette établie dans le mur, en face de l'un des tourillons. Les observations se font au chronographe. C'est ensuite l'altazimut, dans la partie ouest du bâtiment, et dans la partie est, sous une coupole cylindrique recouverte d'une enveloppe en bois doublée de toile à l'extérieur, mobile sur des sphères et avec des trappes seulement d'un côté du zénith, un équatorial de 12 pouces anglais d'ouverture et 18 pieds de distance focale. Le tube de la lunette est carré et formé de quatre planches en bois ; il est fixé par son centre au milieu de l'axe polaire, dont les deux extrémités reposent sur des supports ; cet axe est composé de cinq colonnes métalliques reliées par des armatures de forme elliptique; les deux cercles d'ascension droite et de déclinaison, de très grands diamètres, sont divisés avec précision; il y a un mouvement d'horlogerie. Citons encore un équatorial de 6 pouces de Cooke, avec lequel on observe les occultations d'étoiles par la Lune et les phénomènes des satellites de Jupiter.

Depuis quelques années les travaux d'Astronomie physique ont pris, grâce à M. Christie, un essor considérable, dont témoignent les publications annuelles de l'Observatoire. Des photographies du Soleil sont faites régulièrement avec un photohéliographe installé dans le jardin; on mesure sur ces photographies les positions des taches, des facules et leur étendue. Le grand équatorial est employé presque exclusivement à des observations spectroscopiques, faites par M. Christie et son assistant, M. Maunder. Le spectroscope dont il est fait usage a été imaginé par M. Christie (¹) et construit par M. Hilger; sa longueur est d'environ $0^m,3o$; le maniement en est des plus faciles; il consiste essentiellement en trois demi-prismes, composés chacun d'un demi-prisme de flint d'un angle de $57°$ et d'un prisme de crown de $110°$; une vis permet de les faire tourner sur eux-mêmes pour l'observation des diverses régions du spectre; les

---

(¹) *On the magnifying power of the half prism as a mean of obtaining great dispersion....*; by W.-H.-M. Christie (from the *Proceedings of the Royal Society*, n° 179; 1877).

conditions de liaison de l'ensemble sont telles que les divers rayons tombent sur les mêmes parties des prismes. La pièce oculaire et la pièce de la fente peuvent être interverties, ce qui permet d'avoir, suivant les cas, une plus grande dispersion ou une plus grande netteté. Le spectroscope peut être réduit à deux demi-prismes ou un demi-prisme, suivant le genre d'observations auquel on le destine ; un mécanisme des plus simples permet de le modifier en conséquence et rapidement. Les trois demi-prismes équivalent à soixante prismes ordinaires de 60°. Cet instrument, monté sur l'équatorial, sert à faire des observations régulières des protubérances et des mesures des déplacements des raies dans les spectres des étoiles dus au mouvement de la source lumineuse dans la direction du rayon visuel. Les études ont d'abord porté sur les étoiles déjà observées par Huggins ; les nombres du savant astronome se sont trouvés confirmés d'une manière remarquable pour toutes les étoiles, dans les limites des erreurs d'observation. Les différences relativement faibles entre la moyenne et les valeurs individuelles témoignent d'ailleurs de la confiance que ces résultats doivent inspirer ; d'autre part, les observations ayant été faites par des observateurs et des instruments différents, toute chance d'erreurs systématiques paraît écartée. D'après cela, le fait du déplacement des raies ne semble plus aujourd'hui contestable, et cette question longtemps controversée, d'une si grande importance pour l'Astronomie stellaire, se trouve aujourd'hui tranchée par les observations elles-mêmes, indépendamment de toute considération théorique (¹).

L'installation magnétique de Greenwich s'est complétée en 1873 par l'adjonction d'enregistreurs photographiques pour la déclinaison, la force horizontale et la force verticale, analogues à ceux de l'Observatoire de Kew.

(¹) M. Thollon, avec son remarquable spectroscope, a donné de ce fait une démonstration directe et irréfutable. (*Voir* le numéro des *Comptes rendus de l'Académie des Sciences* du 16 août 1880.)

ÉDIMBOURG.

L'Observatoire d'Édimbourg est en voie de transformation; pendant ce temps, son rôle astronomique se borne à la détermination de l'heure et au réglage d'un certain nombre de pendules distribuées dans la ville et en communication électrique avec une pendule de l'Observatoire. Les assistants de M. Piazzi Smyth, MM. A. Wallace et Th. Heath, sont occupés à la réduction et à la discussion des observations météorologiques. Le véritable Observatoire se trouve, pour le moment du moins, dans la maison d'habitation du directeur. On voit dans une première salle une installation pour l'observation des taches du Soleil et un spectroscope de Salleron, et dans une deuxième le laboratoire de M. Piazzi Smyth avec divers instruments, dont le plus marquant est un spectroscope à nombre de prismes variable. Cet appareil est surtout employé à faire des études sur les spectres de divers gaz enfermés dans des tubes de Salleron; la lunette est munie d'une vis micrométrique pour les mesures; un système de prismes enfermés dans un tube placé verticalement au-dessus de l'oculaire est traversé par un faisceau lumineux destiné à éclairer l'index de diverses couleurs pour éviter les effets de parallaxe dans l'observation des diverses parties du spectre. Le même instrument est installé en vue de l'observation des aurores boréales; elles ont été malheureusement très rares dans ce dernier temps, ce qui tendrait à montrer qu'il existe effectivement une relation entre ces phénomènes et ceux des taches du Soleil.

M. Piazzi Smyth a trouvé en Mme Piazzi Smyth un précieux collaborateur. Mme Piazzi Smyth, qui n'est pas d'ailleurs inconnue du monde savant, fait des observations météorologiques suivies, et à heure fixe, qu'elle complète par des observations spectroscopiques sur les raies telluriques, le nombre et l'intensité de ces raies, et leur rapport avec le temps. Le registre des observations est tenu par Mme Piazzi Smyth avec un ordre parfait, qui ne le cède en rien à la régularité des observations; les colonnes relatives aux raies telluriques principales, placées à côté de celles du thermomètre et du baromètre, lui donnent un caractère d'originalité qui en augmente beaucoup l'intérêt.

ABERDEEN, DUN-ECHT.

(OBSERVATOIRE DE LORD LINDSAY.)

L'Observatoire de lord Lindsay est établi dans les montagnes d'Écosse, à côté de Dun-Echt, à 12 milles environ d'Aberdeen et à peu près sur le même parallèle, dans un site magnifique, au milieu d'une immense propriété de lord Crawfort, père de lord Lindsay. L'Observatoire comprend deux bâtiments principaux et plusieurs pavillons isolés les uns des autres ; la maison d'habitation des astronomes est placée au sud-est, à distance des instruments, sur un terrain un peu moins élevé.

Dans un même pavillon, placé au sud, on voit un télescope à miroir argenté avec mouvement d'horlogerie, un équatorial de 4 pouces pouvant servir à diverses latitudes, avec mouvement d'horlogerie d'Eichens, et un photomètre de Zöllner. Deux autres pavillons, à l'ouest, contiennent un équatorial de 6 pouces et un télescope de 12 pouces d'ouverture, avec mouvement d'horlogerie.

L'un des bâtiments comprend trois salles, occupées respectivement par un équatorial, un cercle méridien et un chronographe; c'est une construction en granit dont les murs sont recouverts à l'intérieur d'une boiserie placée à distance.

Le chronographe, de Cooke, est conduit par le mouvement d'horlogerie de l'équatorial.

L'équatorial est de Grubb; la lunette a 15 pouces d'ouverture et 15 pieds de distance focale. Il est placé sous une coupole sphérique recouverte d'une enveloppe en tôle de fer, avec trappes d'un seul côté du zénith, mise en mouvement par un mécanisme identique à celui des coupoles de Vienne et de Potsdam. Cet instrument est construit d'après le même principe que celui de l'Observatoire de Vienne, que nous verrons dans les ateliers de Grubb. Le pied est en fonte et de forme rectangulaire; sur la face supérieure, inclinée suivant l'équateur céleste, est boulonné un cylindre creux qui contient l'axe polaire; à l'extrémité de cet axe est fixé un tube en fonte dans lequel roule l'axe de déclinaison. Le tube de la lunette est composé de feuilles d'acier rivées les unes aux autres; il se continue au delà de l'objectif par un manchon ajusté sur le barillet. Le micromètre de position est muni de deux plaques de fils mobiles toutes deux dans la même direction, tandis que l'ensemble se déplace dans une direction perpendiculaire à la direction commune; avec cet arrangement, il est possible d'observer d'une manière rapide dans toutes les parties du champ; le cercle de position est à l'intérieur du tube. Un gros poids mobile le long d'une tige parallèle à la lunette, dans le voisinage du tube, sert à équilibrer autour de l'axe de déclinaison un grand spectroscope de Grubb qui peut prendre la place du micromètre; en vue de cette substitution, le contre-poids établi à l'extrémité de l'axe de déclinaison est mobile sur un pas de vis et peut avancer ou reculer sur cet axe pour maintenir l'équilibre autour de l'axe horaire. Les mouvements rapides en ascension droite se font avec une manivelle qui agit à l'extrémité inférieure de l'axe; l'observateur peut produire des mouvements lents de sa place en agissant sur la vis sans fin du mouvement d'horlogerie, avec une manette disposée le long du tube et par l'intermédiaire de deux roues dentées qui tournent librement, l'une autour de l'axe de déclinaison, l'autre autour de l'axe polaire; c'est un arrangement à peu près semblable à celui que l'on voit dans les équatoriaux de Repsold. Le secteur du mouvement d'horlogerie est placé à l'extrémité inférieure de l'axe.

L'observateur peut caler l'instrument sans quitter son siège; il peut encore faire de petits mouvements en ascension droite en agissant sur le mouvement d'horlogerie avec une corde qui aboutit à l'oculaire. La lecture de l'ascension droite se fait directement sur un cercle voisin du secteur. Le cercle de déclinaison est placé à côté du tube de la lunette; on peut en pointer les divisions avec deux lunettes munies de microscopes et faire des lectures différentielles par rapport à deux croisées de fils établies dans deux collimateurs, dans le voisinage des divisions. Une troisième lunette, plus souvent employée, sert à faire rapidement les lectures pour le calage. La lampe est installée à l'extrémité de l'axe de déclinaison. Deux lentilles sont placées à la jonction de la lunette et de l'axe de déclinaison; l'une d'elles concentre sur un miroir plan ou un prisme à réflexion totale, au gré de l'observateur, un faisceau lumineux qui est réfléchi vers l'oculaire pour l'éclairage du champ; l'autre, recouverte dans la partie centrale, laisse passer un cône lumineux dépourvu de rayons intérieurs, lequel est réfléchi par un prisme sur une lentille prismatique placée en avant de l'oculaire, percée en son milieu pour laisser passer la lumière de l'astre, et destinée à centrer la lumière de la lampe sur quatre prismes disposés dans le micromètre pour l'éclairage des fils. Deux manettes établies le long du tube permettent de faire fonctionner les divers éclairages; deux autres manettes commandent, l'une une plaque munie de verres colorés que l'on peut placer devant les deux lentilles afin d'avoir le champ ou les fils éclairés de diverses couleurs, l'autre une plaque à ouverture triangulaire permettant de régler l'intensité des deux éclairages.

Dans une salle voisine de celle de l'équatorial est installé un cercle méridien de Simms avec lunette de 8,5 pouces d'ouverture; l'axe et le cube sont en bronze, le tube est

en laiton; les coussinets en bronze et les tambours en
fonte qui portent les microscopes sont fixés sur deux
colonnes du même métal, de $0^m,60$ à $0^m,70$ de hauteur,
qui reposent sur deux piliers en granit; deux cercles
divisés de $5'$ en $5'$, dont un mobile autour de l'axe, sont
lus chacun par un système de huit microscopes; il y en
a deux autres pour la lecture du calage; les rayons de
ces cercles vont en diminuant d'épaisseur d'une manière
notable du centre à la circonférence; la section en est
triangulaire. Les leviers chargés de soulager les coussinets agissent sur des points de l'axe voisins des tourillons. Il n'y a de réglage ni en azimut ni en hauteur;
l'instrument est réglé une fois pour toutes; quand il se
dérange, il faut avoir recours à des cales. Il n'y a pas de
niveau; quatre tiges en acier fixées sur le cube et
parallèles aux arêtes, horizontales devaient recevoir à
l'origine quatre niveaux pour l'étude de l'inclinaison,
mais on a dû renoncer plus tard à ce système incommode.
Il y a un bain de mercure; l'instrument se retourne; deux
lunettes de 6 pouces d'ouverture, installées sur des piliers,
servent de collimateurs; il n'y a pas de mires éloignées.
L'axe de l'instrument est lui-même un collimateur que
l'on pointe avec une lunette, munie d'un microscope,
placée au centre de l'un ou de l'autre des porte-microscopes
pour l'étude de l'inclinaison et des tourillons. L'objectif
et l'oculaire peuvent être changés de place au bout du
tube. Le calage se fait comme dans les cercles de Repsold;
deux microscopes auxiliaires à grand champ ou bien

encore un niveau mobile sur un cercle divisé voisin de l'oculaire permettent d'en faire la lecture. Deux minces cercles en bronze placés de part et d'autre du cube servent à faire mouvoir l'instrument. Le micromètre a une plaque de fils mobiles en déclinaison; toute la plaque des fils d'ascension droite se déplace. Deux lampes installées dans les murs de la salle éclairent les cercles, le champ et donnent les fils brillants; l'éclairage du champ s'obtient en réfléchissant la lumière avec un miroir en verre dépoli. Les observations se font au chronographe.

Une pendule de temps moyen, à interrupteur électrique, est en communication avec une seconde pendule dont le cadran est visible de l'extérieur; le système de transmission de la seconde est le système Johns. Tous les samedis, la même pendule fait partir un canon qui annonce le midi de Greenwich aux habitants de Dun-Echt et des alentours.

Dans un second bâtiment, placé au nord-est de celui qui précède, se trouvent la bibliothèque, une salle pour les travaux d'Optique, deux salles pour la Photographie, un vaste cabinet contenant de nombreux instruments d'Astronomie et de Physique, deux ateliers, des sous-sols pour les piles.

A la liste des instruments déjà cités il convient d'ajouter: un sidérostat de Foucault, construit par Eichens; plusieurs spectroscopes, deux de Grubb, dont un équivalent à quatre prismes qui peut être monté sur l'équatorial,

un de Browning à cinq prismes, pour le Soleil, un de
Vogel, construit par Hilger, pour les étoiles; enfin une
lunette de Cooke, fixée à l'extrémité d'un axe horizontal, sur un pied en fonte muni de deux systèmes de
coussinets dans des directions rectangulaires, et pouvant servir soit dans le méridien, soit dans le plan du
premier vertical. Une vis de réglage permet de rectifier
au besoin la position de ces coussinets.

Le personnel de l'Observatoire comprend un premier
astronome, le Dr Copeland, autrefois chez lord Rosse et
à Dublin, et un assistant, M. Lohse.

Les deux premiers Volumes des *Annales* de l'Observatoire vont être bientôt suivis de deux autres; le troisième contiendra les longitudes et latitudes déterminées
par la mission de lord Lindsay pendant le passage de
Vénus; le quatrième donnera les observations du passage.

NEWCASTLE.

Le grand réfracteur de M. Newal est installé à côté de sa maison d'habitation, à Gateshead, faubourg de New-castle. Il a été livré en 1870; c'était, à ce moment, le plus grand instrument de ce genre. Il a été construit par Cooke, d'York. M. Newal avait acheté les verres à l'exposition de Londres de 1862. L'objectif a 25 pouces d'ouverture et 30 pieds de distance focale; le tube de la lunette, en tôle d'acier, est consolidé de distance en distance par des anneaux en fer qui en augmentent la rigidité. Le pied de l'instrument est une colonne en fonte; les axes sont enfermés et roulent dans des boîtes de forme carrée, également en fonte. Les mouvements lents en ascension droite et en déclinaison ne présentent rien de particulier; il y a un mouvement d'horlogerie. L'instrument est muni de deux chercheurs de 4 pouces d'ouverture et d'une lunette de 6,5 pouces pour des observations de comparaison. L'observateur peut de sa place couvrir ou découvrir l'objectif; une sorte de manchon en acier s'avance au

8

delà du tube pour le protéger contre les lumières étrangères et l'humidité. Cet instrument jouit d'une stabilité remarquable; les mouvements s'y font avec facilité. La coupole, de forme sphérique, est en tôle de fer et roule sur un mur dont la charpente en fer est également recouverte de tôle; il n'y a de trappes que dans une moitié de la coupole. L'escalier de l'observateur est construit d'après le même principe que ceux de Strasbourg et de Vienne, et que celui de Cambridge (États-Unis), qui a servi de modèle aux autres. C'est un large chariot en fer, mobile sur des rails tout autour de l'instrument, sur lequel une large plate-forme équilibrée par des poids se déplace en hauteur sur des rails concentriques à la coupole; l'observateur installé sur la plate-forme produit des mouvements dans les deux sens avec facilité, au moyen de manivelles. Cet escalier répond à toutes les exigences du maniement d'une lunette de grandes dimensions.

DUBLIN.

Parmi les instruments que M. Grubb a bien voulu nous montrer lors de notre visite dans ses ateliers, l'équatorial de Vienne mérite une mention spéciale, tant à cause de ses grandes dimensions que des particularités de sa construction. La lunette a 26 pouces anglais d'ouverture et 33 pieds de distance focale; la hauteur du pilier en fonte est de 16 pieds, celle du centre de l'instrument de 20 pieds au-dessus du sol. Un des principaux caractères de la construction consiste dans la grandeur des diamètres des axes, ce qui est une condition de stabilité et, dans les arrangements spéciaux adoptés pour en diminuer le frottement, ce qui rend possible l'usage de ces grands diamètres. Dans la forme adoptée pour le pied, M. Grubb a cherché à réaliser cette condition importante que, pour tous les astres situés entre le zénith et le sud, l'observateur puisse librement déplacer la lunette de part et d'autre du méridien et les suivre autant qu'il le veut sans être assujetti à faire passer la lunette d'un côté du pilier à l'autre, avantage qui est surtout à considérer dans un instrument de grandes dimensions; cette condition satisfaite, il est possible d'ailleurs d'observer à un moment donné un même objet dans deux positions différentes de la lunette, ce qui, à certains égards, peut être regardé comme avantageux. Le pied de l'instrument est de forme rectangulaire; sa partie supérieure est terminée par une forte plaque de fonte, dont le plan est dirigé suivant l'équateur céleste. L'axe horaire, en fonte, est creux et tourne dans un cylindre du même métal boulonné sur cette plaque et consolidé par un support vertical; sa partie supérieure repose sur des coussinets en bronze, tandis qu'un cercle fixé vers sa partie inférieure roule sur un système de galets coniques établis au fond du cylindre; l'extrémité se termine par une tige d'acier qui pivote dans une pièce engagée dans la plaque et munie de vis de réglage. Un levier placé dans le pied appuie contre cette pièce, de manière à soulever l'axe dans le sens de sa longueur; un second levier agit sur un collier, composé de galets et entourant l'axe dans sa partie supérieure, afin de diminuer le frottement sur les coussinets. L'axe de déclinaison tourne, dans un tube fixé sur les faces du cube qui termine l'axe horaire, sur deux systèmes de coussinets; les facettes de ces coussinets font un angle de 120°, variable avec la latitude; les coussinets situés à l'opposé de la lunette sont susceptibles d'être déplacés pour le réglage de l'axe. La pression variable exercée sur les supports par l'axe de déclinaison dans les diverses positions de la lunette rend difficile l'établissement d'un système de contre-poids qui diminue les frottements de l'axe. La difficulté a pourtant été vaincue par M. Grubb. Cette pression peut être décomposée en deux forces : l'une, dirigée parallèlement à l'axe horaire, agit constamment de la même manière ; l'autre, perpendiculaire à celle-ci, produit sur les coussinets une action dépendant de la position de la lunette. Pour contre-balancer cette dernière force, M. Grubb a imaginé la disposition suivante. La base du cube de l'axe horaire est fermée par une forte plaque de fonte, percée en son centre d'une ouverture à travers laquelle passe une barre d'acier dont l'une des extrémités porte une fourchette embrassant en partie l'axe de déclinaison et dont l'autre extrémité, celle qui pénètre dans l'axe horaire, se termine par des contre-poids. A l'extrémité de chacune des deux branches de la fourchette sont placés trois galets : d'eux d'entre eux s'appuient contre deux anneaux faisant saillie sur l'axe et agissent dans un sens perpendiculaire à cet axe; le troisième est engagé dans la rainure formée par ces deux anneaux et son action s'exerce dans un sens parallèle à l'axe. On se rend compte des effets d'un pareil système en considérant les positions extrêmes. Si la lunette se trouve à l'est ou à l'ouest du pied dans le plan méridien, l'axe sera maintenu par deux des galets qui appuient dans le sens perpendiculaire à cet axe; à six heures d'intervalle, dans la position pour laquelle l'axe de déclinaison est dans le méridien, ce sera le tour des galets qui agissent dans le sens de l'axe.

Pour les positions intermédiaires, ce sera une combinaison variable des deux actions. Quant à la force dirigée suivant l'axe, ses effets sont combattus par un levier, composé de deux branches parallèles, ayant son point d'appui sur le cube, dont les extrémités sont munies de deux espèces de bracelets formés de galets dans lesquels s'engage l'axe de déclinaison; l'action de ce système est réglée à l'aide d'un écrou placé dans l'un des bracelets.

Le mouvement rapide en ascension droite se fait avec une manivelle placée dans le pied de l'instrument, agissant sur une roue dentée fixée à l'extrémité inférieure de l'axe. De l'oculaire et avec une seule manette, l'observateur peut produire séparément des mouvements en ascension droite ou en déclinaison, suivant que la lunette est calée en déclinaison et en ascension droite (¹); il peut caler dans les deux sens, en déclinaison par le procédé ordinaire, en ascension droite avec une corde qui communique avec la pince du secteur; dans les deux cas, l'axe est pressé en un point seulement de sa circonférence, et il faut une fraction très faible de tour de la vis pour fixer l'instrument; pour la déclinaison, c'est la vis de rappel ordinaire; pour l'ascension droite, on fait usage d'une disposition un peu différente de celle des épicycles, généralement adoptée. L'axe de la vis sans fin qui engrène avec le sec-

---

(¹) *Voir* le n° 746 du Volume XXIX du journal *Engineering*, édité par William H. May et James Dredge, 37. Bedford street, strand. W. C. London.

teur du mouvement d'horlogerie est coupé en deux, et sur les extrémités en contact sont fixées deux roues dentées de même diamètre, mais d'un nombre de dents différent. Un disque de bronze de plus grand diamètre tourne librement autour de l'axe de la vis et porte un pignon qui engrène avec les deux roues à la fois ; une corde aboutissant à l'oculaire conduit ce disque. Si le mouvement d'horlogerie fonctionne et si la corde est libre, le pignon ne fait que relier entre elles les deux roues, qui tournent dès lors avec la même vitesse ; mais, si l'on agit sur le disque mobile avec la corde, de manière à faire mouvoir le pignon, les deux axes se déplacent l'un par rapport à l'autre et il se produit dans l'ensemble un mouvement d'accélération ou de retard, suivant les cas. Le régulateur du mouvement d'horlogerie est à friction.

Pour certains équatoriaux dans lesquels il importe qu'il ne se produise pas d'écart, même au bout d'un temps relativement considérable, pour celui de M. Huggins par exemple, M. Grubb a combiné avec ce régulateur le mouvement d'une pendule en communication électrique avec une pendule sidérale ordinaire et qui agit à tout instant, dans certains cas à chaque seconde, suivant les combinaisons adoptées, de manière à donner à l'équatorial un mouvement ne différant pas de celui d'une pendule astronomique (¹).

(¹) *On the equatorial telescope and on the new Observatory of the Queen's College, Cork.*, by Howard Grubb (from the *Scientific Proceedings of the Royal Dublin Society*, avril 21; 1879).

La lampe qui éclaire le champ, les cercles et qui donne les fils brillants est placée à l'extrémité de l'axe de déclinaison. Pour l'ascension droite, la lumière est d'abord envoyée sur le cercle horaire par un système de prismes, qui la réfléchissent ensuite à travers l'axe creux de déclinaison, dans la lunette, sur un prisme placé devant l'objectif d'une lunette pointeur aboutissant à l'oculaire ; la même lunette permet de lire le cercle de déclinaison ; les deux lectures se font en la tournant sur elle-même d'un angle de 90°.

Dans l'équatorial de Vienne, les deux verres de l'objectif seront éloignés l'un de l'autre de 2 pouces environ.

Plusieurs autres instruments sont encore en construction dans les ateliers de M. Grubb, au nombre desquels il convient de citer un chronographe pour l'Observatoire de Dublin, un équatorial de 8 pouces d'ouverture, un sidérostat et un cercle méridien de 5 pouces, ces deux derniers pour le nouvel Observatoire de Cork. Dans ce cercle, le tube de la lunette et l'axe de rotation sont en bronze ; le tube est formé de la réunion de plusieurs parties s'ajustant les unes dans les autres et traversant le cube ; il y aura deux cercles divisés en verre.

L'Observatoire de Dublin est établi à Dunsink, au nord-ouest et dans les environs de la ville. Dans le bâtiment principal sont installés un cercle méridien et un petit équatorial, et dans un pavillon isolé un équatorial de 12 pouces, à objectif de Cauchoix, ayant appartenu à South, dont la monture a été entièrement renouvelée par Grubb en 1868. Cet instrument est employé par le directeur de l'Observatoire, M. Ball, à des déterminations de parallaxes d'étoiles. Le cercle méridien de Pistor et Martins est identique aux cercles de Berlin et Leipzig, des mêmes constructeurs. La lunette a 6 pouces d'ouverture; il y a deux cercles divisés, lus chacun par un système de quatre microscopes; un seul de ces cercles a été étudié. Il y a un collimateur au nord, une mire au sud. La pendule sidérale est de Dent. M. Dreyer a observé avec cet instrument trois cent cinquante étoiles rouges de Schjellerup; le Catalogue en paraîtra bientôt; chaque étoile a été observée quatre fois dans les deux positions de la lunette.

A côté du cercle méridien, et dans la même salle que lui, est placé un grand cercle ayant appartenu à Brinkley. Une pendule à temps moyen de Booth, de Dublin, à courant intermittent, conduit électriquement deux pendules de la ville par le système Johns. On la compare à la pendule sidérale en faisant usage d'un microphone; toutes les minutes, le battement de la pendule à temps moyen cesse de se faire entendre pendant deux secondes.

Le petit équatorial a 4 pouces d'ouverture; l'un des verres de l'objectif est en cristal. Le régulateur du mouvement d'horlogerie est à ailettes; ces ailettes sont enfermées dans une boîte métallique, dans laquelle l'accès de l'air est réglé d'après la vitesse que l'on désire obtenir.

BIRR CASTLE.

(OBSERVATOIRE DE LORD ROSSE.)

L'Observatoire de lord Rosse possède le grand réflecteur bien connu de 6 pieds d'ouverture, un second réflecteur de 3 pieds dans lequel l'observateur est porté dans une nacelle qui se déplace à son gré en azimut et en hauteur, un télescope de Cassegrain de 18 pouces et une petite lunette méridienne pour la détermination de l'heure. Il y a des ateliers pour la Photographie et le polissage des miroirs; celui où fut fondu et travaillé le grand miroir contient encore les appareils et les outils qui servirent à cette opération. Lord Rosse a publié dans ces derniers temps la plus grande partie des observations des nébuleuses ou d'amas d'étoiles faites à Birr Castle de 1848 à 1878. D'ailleurs, ces observations se poursuivent; un aide nouveau va être incessamment attaché à l'Observatoire.

CAMBRIDGE.

L'Observatoire, dirigé par M. Adams, possède depuis
1871 un beau cercle méridien de Simms, avec lunette
de 0^m,20 d'ouverture et 2^m,80 de distance focale. C'est
à peu près l'instrument de Dun-Echt, du même constructeur. Le tube de la lunette est en laiton, le cube et l'axe
sont en bronze; le cône qui porte l'oculaire est plus
long que celui qui porte l'objectif; ce dernier est pro-
longé par un manchon fixé sur le barillet, analogue à
ceux qu'on voit dans certains équatoriaux. Les coussinets
sont placés aux extrémités de deux colonnes en fonte
reposant sur deux piliers en maçonnerie. Il y a deux
cercles divisés de 1^m de diamètre, dont un mobile autour
de l'axe, lus chacun par quatre microscopes établis sur
des tambours portés par les colonnes en fonte. Ces
cercles se trouvent tout entiers au-dessus de la maçonnerie. L'instrument se retourne; deux collimateurs de
6 pouces d'ouverture, soigneusement isolés dans des
caisses en bois, reposent sur deux piliers, au nord et au
sud. Un bain de mercure est à poste fixe pour les

observations du nadir, un second est mobile pour les observations par réflexion. Il n'y a pas de niveau; il n'y a pas non plus de vis de réglage pour l'azimut et l'inclinaison. L'objectif et l'oculaire ne peuvent pas être changés de place, comme dans l'instrument de Dun-Echt. Le micromètre est muni d'une vis pour la déclinaison; la vis d'ascension droite déplace l'ensemble des fils verticaux. Un point tracé sur une plaque placée dans l'un des tourillons et un microscope établi au centre d'un des porte-microscopes permettent d'étudier les tourillons. Les erreurs de division des cercles et la flexion du tube de la lunette ont été déterminées. On a conclu une nouvelle valeur de la latitude de l'Observatoire. L'instrument est employé en ce moment à l'observation d'une zone d'Argelander comprise entre $+ 25°$ et $+ 30°$.

Dans un pavillon construit dans le jardin est placé un équatorial de 1 pied d'ouverture et 19 pieds de distance focale. La monture est analogue à celle de l'équatorial de Greenwich; l'axe polaire, en bois, repose par ses extrémités sur deux supports; la lunette est mobile au milieu de cet axe. Le tube de la lunette est en bois. Il y a un cercle horaire; il n'y a pas de cercle de déclinaison; une tige divisée, attachée par une de ses extrémités au tube, dans le voisinage de l'oculaire, et qui glisse dans une pièce fixée à l'axe polaire, dans laquelle une vis permet de l'arrêter, sert à mesurer les distances polaires par les cordes correspondantes. A proprement parler, la

tige n'est pas directement fixée à la lunette, mais bien à
l'extrémité d'une lame métallique pivotant le long du
tube, autour du centre de la lunette, et parcourant, à
l'aide d'une vis, les divisions d'un petit arc de cercle
voisin de l'oculaire. Il y a place pour un chronomètre
contre le tube, à côté du micromètre. L'escalier de
l'observateur est mobile sur des rails autour de l'instrument ; des gradins sont établis au sud pour les observations au nord. La coupole métallique a la forme d'un
cône tronqué ; elle roule sur des sphères ; les trappes
s'ouvrent d'un côté du zénith.

OXFORD.

(OBSERVATOIRE DE L'UNIVERSITÉ).

Oxford possède deux Observatoires, celui de Radcliffe et celui de l'Université. Quoique de création récente, l'Observatoire de l'Université, que dirige M. Pritchard, est en pleine activité. Cet établissement possède : un beau télescope à miroir métallique de 13 pouces de diamètre et 10 pieds de distance focale, avec mouvement d'horlogerie, donné par M. Warren de la Rue ; un équatorial de Grubb, de 12 pouces d'ouverture, d'une construction semblable à celle de l'équatorial de Dun-Echt, muni de deux chercheurs, dont un de 4 pouces et l'autre de 2 pouces ; un deuxième télescope, non encore monté, qui est aussi un don de M. de la Rue ; une lunette méridienne pour la détermination de l'heure ; un grand spectroscope de Grubb, à quatre, huit ou douze prismes. Le télescope a surtout servi à faire des photographies de la Lune, en vue de la libration ; les mesures sont faites en partie et les réductions commencées. Avec le même instrument et un micromètre imaginé par M. Pritchard et construit par Grubb, remplaçant avantageusement l'héliomètre dans les mesures des grandes distances, on a déterminé les positions relatives des étoiles du groupe Messier 39, du Cygne, et du groupe des Pléiades.

Un premier fascicule publié par l'Observatoire contient des observations faites de 1875 à 1877 sur les satellites de Saturne, les étoiles doubles et plusieurs comètes.

M. Pritchard est assisté de MM. Ed. Plummer et Ch. Jenkins; ce dernier s'occupe plus particulièrement d'Astronomie physique.

L'Observatoire comprend des salles pour la Photographie, la bibliothèque et les Cours publics, et dispose d'une terrasse sur laquelle sont installés les instruments météorologiques et divers instruments d'Astronomie à l'usage des étudiants.

OXFORD.

(OBSERVATOIRE RADCLIFFE.)

———

L'Observatoire est dirigé, depuis la mort de R. Main, par M. Stone, précédemment directeur de l'Observatoire du Cap, autrefois premier assistant à Greenwich. On y voit un cercle méridien de 4 pouces environ, un hélio-mètre de 7,5 pouces de Merz, construit en 1848, employé à la mesure d'étoiles doubles, un équatorial de 7 pouces installé en plein air, pouvant être utilisé comme cher-cheur, et plusieurs autres instruments hors d'usage, tels que deux quarts de cercle placés sur les deux faces d'une même pierre pour les observations au nord et au sud, semblables à ceux de Lalande, une vieille lunette de passages et une lunette fixe permettant d'observer γ Dragon en vue du coefficient de l'aberration.

Le cercle méridien est muni de deux cercles divisés de 5′ en 5′, un pour le calage, divisé sur la tranche, l'autre divisé sur le limbe et lu par un système de quatre microscopes établis sur le pilier pour les mesures; deux microscopes auxiliaires permettent d'étudier les divisions. L'instrument ne se retourne pas ; il n'y a pas de niveau ; deux collimateurs sont installés sur des piliers ; il n'y a pas de mire. Le micromètre a un fil mobile pour la déclinaison ; la vis d'ascension droite déplace l'ensemble des fils verticaux. Jusque dans ces derniers temps il y avait une différence systématique entre le point nadir déterminé directement et le même point déduit des observations des étoiles par réflexion. A son arrivée, M. Stone fit examiner et consolider par de nouvelles vis les diverses parties de l'instrument, et l'objectif fut fixé avec plus de précaution dans son barillet ; la différence se trouve aujourd'hui réduite à une très faible quantité.

Ce cercle est employé à des observations régulières de la Lune ; on y fera avant peu des observations d'étoiles déjà observées au Cap par M. Stone, en vue de la réfraction.

L'Observatoire possède une installation météorologique complétée dernièrement par l'acquisition d'enregistreurs photographiques pour thermomètre et baromètre, analogues à ceux de Kew.

M. Stone met la dernière main à une œuvre considérable devant paraître bientôt : c'est le Catalogue de douze mille quatre cents étoiles, de la 1re à la 7e grandeur, observées au Cap. Les positions déduites pour chaque étoile d'un grand nombre d'observations ont été comparées à celles de Lacaille et de Brisbane, ce qui a permis d'obtenir le mouvement propre pour un grand nombre d'entre elles.

M. Stone publiera aussi dans quelque temps le Catalogue des étoiles observées sous son prédécesseur, de 1862 à 1870.

EALING.

(OBSERVATOIRE DE M. COMMON.)

Le nouvel Observatoire créé à Ealing par M. Common possède deux réflecteurs à miroir de verre argenté, l'un de 18 pouces, l'autre de 36 pouces d'ouverture; la distance focale est de 9,5 pieds pour le premier, de 20 pieds pour le second. M. Common a construit toute la partie mécanique de ces instruments, sans le secours d'aucun constructeur, ainsi que les pavillons qui les abritent; les miroirs seuls ont été travaillés par M. Calver.

Le petit télescope est placé dans une cabane en bois, dont le toit incliné vers le sud s'ouvre de l'est à l'ouest. A côté est une pièce pour la Photographie, avec une petite lunette méridienne pour la détermination de l'heure.

La monture métallique du grand réflecteur est des plus simples. Le miroir est enfermé dans un châssis carré sur lequel sont fixées quatre barres en fer, reliées solidement

par des fers croisés, et qui, recouvertes de toile, constituent le tube du télescope. Ce tube est fixé sur l'axe de
déclinaison, dans le voisinage du miroir; l'équilibre est
réalisé par des contre-poids placés au-dessous de la
boîte du miroir. L'instrument est muni de cercles
divisés; il y a des mouvements lents pour les deux
coordonnées. L'axe horaire pivote dans une boîte
contenant du mercure, dont la poussée tend à rendre
le mouvement de rotation plus facile. La cabane du
télescope est une construction légère en bois, recouverte
de feuilles en tôle de fer; c'est une maisonnette de
forme carrée, dont la toiture plane glisse dans le sens
de la plus grande longueur, et sur la face antérieure et
inclinée de laquelle peut se déplacer à volonté, monter
ou descendre, au gré de l'observateur, une plate-forme
qui le maintient à la hauteur de l'oculaire. La cabane
tourne sur elle-même autour de son centre, celui de
l'instrument, sur des rails circulaires, de manière à
recouvrir le télescope dans toutes ses positions; avec
la cabane tournent naturellement la plate-forme et l'observateur. Toutefois, le télescope a encore assez de liberté
de mouvement dans la cabane pour qu'on puisse
se dispenser de la mouvoir pendant deux heures de
temps. En définitive, c'est, avec de moins grandes
dimensions, la maison du grand télescope de l'Observatoire de Paris qui tournerait sur elle-même au lieu de
s'éloigner vers le nord, dont le toit serait mobile du nord
au sud, tandis que le long de la face sud inclinée glis-

serait une plate-forme équilibrée par des poids et mise
en mouvement par l'observateur même en azimut et en
hauteur. La disposition adoptée à Ealing est commode
et peu coûteuse; elle supprime l'escalier et place le
télescope à l'abri du vent dans la plupart des cas; elle
devra être prise en considération dans l'avenir pour la
construction des cabanes des grands réflecteurs, si l'on
doit continuer à en faire de plus puissants que ceux que
l'on possède déjà. M. Common a déjà beaucoup produit
avec cet instrument; il a fait de belles photographies,
dont nous avons eu les clichés sous les yeux, de la Lune,
de Mars, de Jupiter, de ses satellites et des ombres de
ces satellites, de Saturne et de son anneau, avec tous
les détails nettement reproduits, de Sirius, et une très
intéressante photographie des Pléiades, où l'on voit à
côté d'Alcyone un groupe de trois petites étoiles très
distinctes, dont une de 9ᵉ grandeur.

L'instrument peut recevoir un micromètre de position
de Browning; on peut obtenir les fils brillants. Ce
micromètre se déplace tout autour du tube, pour la
commodité des observations. M. Common a été le
premier, croyons-nous, à revoir les satellites de Mars
lors de leur réapparition, en 1879, et à en faire des
mesures. M. Common a encore fait des observations
des satellites de Saturne, de Mimas entre autres, des
mesures de nébuleuses, et en a découvert plusieurs.

TULSE HILL.

(OBSERVATOIRE DE M. HUGGINS.)

L'Observatoire de M. Huggins à Tulse Hill, dans les environs de Londres, est installé dans une tour carrée, attenant à sa maison d'habitation et divisée en trois étages. Au rez-de-chaussée et au premier étage sont placés de nombreux instruments et appareils, parmi lesquels il convient de citer une machine de Holz de vingt-quatre plaques, une machine de Siemens, un spectroscope à nombre de prismes variable, un beau réseau sur métal, de Cafman, de New-York, qui présente dix-sept mille raies par pouce, protégé contre l'action de l'air et de la vapeur d'eau par une mince plaque de cristal. Une machine à vapeur de la force de 6 chevaux, installée au pied de la tour et extérieurement, sert à actionner les machines de Siemens et de Holz. M. Huggins se charge lui-même du fonctionnement et de l'entretien de la machine, sans le secours d'aucun aide. Dans l'étage supérieur est l'Observatoire proprement dit.

Sous une coupole cylindrique à double enveloppe est installé, sur un pied en fonte reposant sur un massif en maçonnerie, un réflecteur à miroir métallique de 18 pouces d'ouverture, construit par Grubb, monté équatorialement, et dont le mouvement d'horlogerie ordinaire est régularisé par l'action continue d'une pendule conduite électriquement par une bonne pendule sidérale. Cette disposition permet de maintenir pendant un temps très long un astre au même point du champ, condition indispensable dans certains travaux photographiques qui nécessitent une pose de très grande durée. En réalité, il y a deux instruments sous la même coupole; le réflecteur peut être remplacé par un réfracteur, également construit par Grubb, de 15 pouces d'ouverture et 15 pieds de distance focale, que l'on installe sur le même pied en fonte. L'objectif est enfermé dans une boîte qui est dans la salle même; le tube est dressé verticalement sous le plancher. Il suffit de quelques heures pour opérer la substitution. C'est avec ce réfracteur que M. Huggins a fait ses travaux sur les déplacements des raies dans les spectres des étoiles, continués depuis avec succès à l'Observatoire de Greenwich. Dans ces derniers temps, le réflecteur avait pris la place du réfracteur, en vue de la photographie des spectres des étoiles : ce dernier instrument étant impropre à ce genre d'études, à cause de l'absorption produite par le verre dans la région ultra-violette du spectre, raison pour laquelle encore le prisme et toute la partie optique du

spectroscope avaient été construits en spath d'Islande.
M. Huggins a bien voulu nous montrer en détail les
clichés obtenus, en particulier ceux des spectres de
Véga, de l'Épi de la Vierge, de α Aigle et d'Arcturus, présentant les uns des raies plus larges et plus nébuleuses,
les autres des raies correspondantes plus étroites et plus
fines, toutes d'une remarquable pureté ; le contraste
était surtout frappant pour α Lyre et α Vierge, dont
M. Huggins avait obtenu les spectres sur le même
cliché. La durée de la pose avait été quelquefois très
longue, surtout lorsque les conditions atmosphériques
s'étaient montrées défavorables ; elle avait souvent
dépassé une heure, et pendant tout cet intervalle de
temps il avait fallu surveiller l'image de l'étoile avec une
attention incessante, la maintenir en un point déterminé de la fente et la déplacer de temps à autre afin
d'obtenir un spectre d'une certaine largeur. L'observateur se tenait derrière le miroir du télescope, transformé
pour la circonstance en télescope Cassegrain, et c'est
Mme Huggins, le collaborateur passionné des recherches
du savant astronome, fort au courant d'ailleurs des
choses de l'Astronomie physique, qui avait pour mission
de faire cette surveillance délicate et pénible ; les résultats témoignent du soin qu'elle a su apporter à cette
opération difficile. Les raies, au nombre de douze, de
ces divers spectres ont été comparées à celles du spectre
ultra-violet de M. Cornu, les longueurs d'onde déterminées avec précision. En ayant égard au plus ou moins

de nébulosité ou de finesse des raies correspondantes,
M. Huggins a été amené à classer les étoiles par rang
d'âge : de Sirius et Véga, qui occupent l'une des extrémités de l'échelle, on arrive à Arcturus et Aldébaran,
en passant par la Chèvre; notre Soleil serait de l'âge de
cette dernière étoile. Nous avons vu enfin un très intéressant cliché pris au coucher du Soleil, dans lequel le
spectre de Jupiter se projette sur le spectre solaire; la
concordance des deux spectres est aussi complète que
possible, ce qui tendrait à prouver que l'atmosphère de
la planète ne produit pas d'absorption dans la région
ultra-violette du spectre. Ce résultat est confirmé par les
spectres de Mars et de Vénus pris dans les mêmes conditions. M. Huggins s'occupait, dans ces derniers temps,
du spectre lumineux de la vapeur d'eau. Le savant
astronome désire se procurer un instrument d'une plus
grande puissance que ceux qui lui ont servi jusqu'ici
dans ses travaux; on peut s'attendre à lui voir bientôt
ouvrir à la Science quelque voie nouvelle, fertile en
brillantes découvertes.

KEW.

L'Observatoire de Kew, fondé dans le dernier siècle (1770) par George III, est établi, loin de toute construction, dans un lieu isolé du parc de Richmond, sur les bords de la Tamise. Le directeur, M. Wipple, nous a fait visiter en détail les diverses parties de cet important Observatoire, exclusivement consacré de nos jours aux études de Météorologie et de magnétisme.

En arrivant par la porte d'entrée du nord, on trouve à gauche une première salle qui contient les thermomètres et baromètres de comparaison, une installation propre à l'étude et à la division des tubes, une boîte métallique résistante dans laquelle sont placés les baromètres que l'on veut comparer à différentes pressions, un cathétomètre. Les tubes en flint servant à la construction des thermomètres de comparaison datent de vingt ou vingt-cinq ans. Pour les thermomètres destinés à des climats rigoureux, on détermine le point correspondant à la température de fusion du mercure. Dans une salle, au sud, de nombreux calculateurs sont occupés à relever les courbes des enregistreurs magnétiques et météorologiques. Dans une autre, au nord-ouest, sont installés les enregistreurs photographiques pour thermomètre et baromètre, et un électromètre de Thomson avec support isolant de M. Mascart, qui enregistre l'électricité atmosphérique; dans une pièce voisine, une cuve remplie d'eau, que l'on porte à des températures variables, permet de comparer les thermomètres dans les diverses parties de l'échelle. Dans la partie nord de la cave sont placés les appareils enregistreurs photographiques donnant les variations de la déclinaison, de la force horizontale et de la force verticale. Il y a à côté une salle pour la Photographie.

On voit sur la terrasse un anémomètre de Robinson, un héliographe à boule de verre, un radiographe de Winstanley, basé sur le même principe que le thermomètre différentiel de Leslie, et au sud, dans le jardin, diverses installations de thermomètres et des pluviomètres enregistreurs. Dans un pavillon placé au sud du bâtiment principal et au fond du jardin sont installées les boussoles, pour les déterminations magnétiques absolues.

L'Observatoire possède un atelier pour les réparations urgentes.

RUGBY.

(OBSERVATOIRE DU TEMPLE.)

———

L'Observatoire du Temple, à Rugby, est une annexe de la célèbre École de cette ville. Jusqu'en 1877, les observations étaient faites dans un Observatoire établi dans le jardin de M. Wilson ; depuis cette époque, elles se font dans un nouvel Observatoire qui possède : un équatorial d'Alvan Clark de $0^m,21$ de diamètre et $2^m,75$ de distance focale, avec micromètre de Dollon, muni d'un mouvement d'horlogerie ; une petite lunette méridienne de $0^m,063$ d'ouverture et $0^m,73$ de distance focale ; un réflecteur à miroir argenté de $0^m,32$ de diamètre et 2^m de foyer, employé surtout à des observations de Spectroscopie ; enfin un spectroscope de cinq prismes ordinaires de $60°$. Cet Observatoire a déjà publié deux Catalogues d'étoiles doubles, observées par M. Wilson et par M. Seabroke, le directeur actuel.

Tout en poursuivant ce genre d'études avec ses deux

adjoints, MM. Percy Smith et H. Hodger, M. Seabroke
fait des mesures de déplacement de raies dans les
spectres des étoiles ; ces mesures avaient déjà porté sur
une trentaine d'étoiles à la fin de 1879.

ATELIERS DE M. SIMMS.

Les ateliers de M. Simms, établis près de Woolwich, occupent en ce moment une centaine d'ouvriers, employés surtout à la construction de sextants et de théodolites, dont un grand nombre pour l'étranger, l'Amérique principalement. Nous y avons vu un cercle méridien avec lunette de 6 pouces ; l'axe, en bronze, est tout d'une pièce ; les cônes de la lunette, en laiton, sont de longueurs inégales, comme dans la plupart des instruments de ce genre fournis par la maison. Le pied de l'instrument sera tout entier en fonte (¹) ; les cercles divisés seront pleins, l'un des deux mobile à frottement dur sur l'axe de rotation. M. Simms tourne les tourillons en tenant l'axe de l'instrument dans une position verticale. Dans le micromètre de ce constructeur, l'écrou de la vis est

---

(¹) Le cercle méridien construit par MM. Brünner, pour l'Observatoire de Nice, reposera sur des piliers en fonte portés par un socle de même métal.

placé dans l'un des côtés de la boîte du micromètre;
le chariot mobile est poussé par un ressort établi à
l'opposé, entre le chariot et la boîte. M. Simms a fourni
tout dernièrement un équatorial de 8 pouces au colonel
Tomline.

. DENMARK HILL.

Sir H. Bessemer, le célèbre inventeur de l'acier de ce nom, fait construire à Denmark Hill, dans les environs de Londres, un grand télescope à miroir argenté de $1^m,3o$ de diamètre. Toute la partie mécanique de l'instrument et la coupole sont terminées. Le tube est en place; une moitié est enfoncée sous le plancher. L'instrument se meut en azimut et en hauteur. La coupole, le plancher et le télescope se déplaceront simultanément sous l'action d'un moteur hydraulique; la même force fera mouvoir l'instrument dans le sens de la hauteur. Le travail du verre va commencer. Tout se fait sous la direction immédiate et d'après les indications de sir Henry Bessemer.

CONCLUSION.

On voit, par ce qui précède, combien l'Astronomie est en honneur dans les divers pays que nous avons visités ; c'est à qui fera les plus beaux Observatoires et les dotera des instruments les plus puissants et les plus précis. Dans cette lutte pacifique, les pays considérés comme les plus pratiques ne sont pas les moins ardents, ce qu'expliquent les importants services que l'Astronomie rend journellement à la Géographie et à la Navigation. Dans ces derniers temps surtout, plusieurs Observatoires nouveaux ont été fondés ; beaucoup des plus anciens ont été reconstruits, comme ne répondant plus aux nécessités de la Science ; la plupart ont amélioré et complété leur matériel pour satisfaire aux exigences nouvelles. Avec les progrès de la Mécanique et des procédés employés dans le travail des verres, les constructeurs ont pu mettre au service des astronomes des instruments d'une grande puissance et de la dernière précision ([1]).

([1]) Les descriptions que nous avons données de divers équatoriaúx montrent que les constructeurs anglais et allemands ont eu beaucoup en vue la commodité de l'observateur ; les dispositions qu'ils ont ima-

Après les grands télescopes sont venus les grands équatoriaux : c'est d'abord celui de M. Newal, à Newcastle ;
après, celui de Washington, à jamais célèbre pour la
découverte des satellites de Mars ; plus tard, ceux de
Vienne et de Paris, bientôt terminés ; puis ceux de
Poulkova et de Nice, commencés tout récemment.

---

ginées pour les mouvements lents et la lecture des cercles sont souvent
fort ingénieuses, mais elles compliquent l'instrument et peuvent, dans
certains cas, porter atteinte à sa stabilité. Pour les cercles méridiens,
les tubes des lunettes sont en laiton ; il ne paraît pas prouvé qu'ils soient
plus homogènes que les tubes en fonte de nos instruments. Dans certains cercles, ceux de Pistor et Martins par exemple, les crochets qui
soulèvent la lunette sur les coussinets prennent la lunette trop près
du cube et peuvent amener des torsions dans l'axe ; il peut paraître dan-
gereux pour la stabilité de faire porter les leviers auxquels sont suspendus ces crochets et les contre-poids sur les tambours métalliques au
centre desquels sont fixés les coussinets et qui portent les microscopes,
ainsi que cela se passe dans certains instruments de Repsold. Enfin,
peut-être vaut-il mieux pour le calage agir sur un des cercles de l'instrument que de pincer directement l'axe de rotation, comme on le fait
souvent à l'étranger. Sans prétendre que les instruments français soient
parfaits, il est certain qu'ils sont plus simples ; le cercle méridien de
l'Observatoire de Paris, installé dans le jardin (cercle Bischoffsheim),
construit par M. Eichens, et le nouvel équatorial de l'Observatoire de
Toulouse (commandé par M. Tisserand, alors directeur de l'Observatoire), construit par MM. Brünner, pourraient supporter avantageusement la comparaison avec ceux des autres constructeurs.

Nos instruments portatifs, dont M. Y. Villarceau, entre autres, a fait
un si excellent usage, et que bon nombre d'astronomes préféreraient
à des instruments plus grands pour les observations des étoiles fondamentales et du Soleil, sont plus stables, quoique moins commodes, que
les lunettes brisées, en usage à l'étranger. La réputation des petits
cercles de MM. Brünner n'est plus à faire. Celui construit pour l'Observatoire de Nice par M. Gautier, sur les indications de M. Lœwy, est
très stable et très commode.

L'héliomètre, qui est très répandu à l'étranger, où il a rendu de
grands services pour les mesures des diamètres et des grandes distances,
n'est pas usité en France.

Dans ce mouvement scientifique notre pays ne s'est pas laissé devancer par les autres. Longtemps les établissements de Paris et de Marseille ont été nos seuls Observatoires ; mais, dans ces dernières années, le nombre s'en est rapidement accru, grâce à la libéralité du Gouvernement et des Chambres. Le grand Observatoire d'Astronomie physique de Meudon, celui de Montsouris, placé sous la direction du Bureau des Longitudes, celui de Toulouse, ensuite ceux de Bordeaux, Lyon et Alger, qui seront avant peu en possession des instruments nécessaires, sont venus compléter et développer notre organisation astronomique. L'Observatoire de Nice (¹), actuellement en construction, pourra, lui aussi, entrer bientôt en ligne (²).

Mais il ne suffisait pas de fonder de nouveaux Observatoires et de leur fournir le matériel indispensable ; il fallait encore préparer pour l'avenir le recrutement de leur personnel : c'est ce qui vient d'être fait. L'instruction des jeunes astronomes est une des grandes préoccupations des Observatoires étrangers ; quelques-uns, plus particulièrement, attirent à eux les jeunes gens studieux, sans distinction de nationalité, lesquels, après avoir participé à leurs travaux, retournent plus tard dans

---

(¹) M. Charles Garnier, de l'Institut, est chargé de la direction des travaux.

(²) Quoique de proportions plus modestes, l'Observatoire que M. d'Abbadie fait construire dans ses propriétés, dans les Basses-Pyrénées, n'en mérite pas moins une mention spéciale.

leur pays pour y mettre à profit les connaissances ac-
quises. Poulkova est de ce nombre. Il y avait chez nous
à cet égard une lacune regrettable qui vient d'être com-
blée, grâce à l'amiral Mouchez, par la création à l'Observatoire de Paris d'une École où un certain nombre de
jeunes gens distingués reçoivent, sous la direction de
maîtres éminents, une instruction théorique complète,
et se livrent avec assiduité aux travaux d'observation.
Cette École est en plein fonctionnement, et il n'est pas
douteux qu'elle ne doive rendre de grands services. Les
noms de savants tels que MM. Gaillot, Lœwy, Périgaud,
Tisserand et Wolf, chargés de distribuer l'enseignement dans les diverses branches de la Science, sont une
garantie du succès de cette heureuse institution, qui
permettra de tirer le parti le plus avantageux possible
des sacrifices que notre pays s'impose pour l'Astronomie.

TABLE DES MATIÈRES.

6756   Paris. — Imprimerie de GAUTHIER-VILLARS, quai des Augustins, 55.

DIVISIONS SCIENTIFIQUES.

QUAI DES GRANDS-AUGUSTINS, 55, A PARIS.

EXTRAIT DU CATALOGUE

DE LA

LIBRAIRIE GAUTHIER-VILLARS

SUCCESSEUR DE MALLET-BACHELIER,

IMPRIMEUR-LIBRAIRE

DU BUREAU DES LONGITUDES; — DES OBSERVATOIRES DE PARIS, MONTSOURIS, BORDEAUX, MARSEILLE, NICE ET TOULOUSE; — DU BUREAU CENTRAL MÉTÉOROLOGIQUE; — DE L'ÉCOLE POLYTECHNIQUE; — DE L'ÉCOLE CENTRALE DES ARTS ET MANUFACTURES; — DU DÉPÔT DES FORTIFICATIONS: — DE LA SOCIÉTÉ MÉTÉOROLOGIQUE; — DU COMITÉ INTERNATIONAL DES POIDS ET MESURES; ETC.

PARIS,

GAUTHIER-VILLARS, IMPRIMEUR-LIBRAIRE,

Quai des Grands-Augustins, 55.

1881

Envoi franco, contre mandat de Poste ou valeur sur Paris, dans tous les pays
faisant partie de l'*Union postale.*

EXTRAIT DU CATALOGUE

DE LA

LIBRAIRIE GAUTHIER-VILLARS,

Successeur de Mallet-Bachelier,

QUAI DES GRANDS-AUGUSTINS, 55, A PARIS.

ARITHMÉTIQUE.

†**BACHET**, sieur de **MÉZIRIAC**. — **Problèmes plaisants et délectables qui se font par les nombres.** 4e édition, revue, simplifiée et augmentée par *A. Labosne*, Professeur de Mathématiques. Petit in-8, caractères elzévirs, titre en deux couleurs; 1879.
    Tirage sur papier vélin.................................... 6 fr.
    Tirage sur papier vergé.................................. 8 fr.

†**BOURDON**, ancien Examinateur d'admission à l'École Polytechnique. — **Éléments d'Arithmétique**; 36e édit., rédigée conformément aux *nouveaux Programmes* de l'enseignement. In-8; 1878. (*Adopté par l'Université.*)...... 4 fr.

†**FATON** (le **P.**). — **Traité d'Arithmétique théorique et pratique,** terminé par une petite Table de Logarithmes. Chaque théorie est suivie d'un choix d'Exercices gradués de calcul et d'un grand nombre de Problèmes. 9e édition. In-12; 1879. (*Autorisé par l'Université.*) Broché................ 2 fr. 75 c.
    Cartonné............. 3 fr. 20 c.

†**FATON** (le **P.**). — **Premiers éléments d'Arithmétique,** à l'usage des classes inférieures de grammaire. 7e édition. In-12; 1881. Broché...... 1 fr. 50 c.
    Cartonné.... 1 fr. 90 c.

FINANCE (**Ch.**), Officier d'Académie, Professeur au Collège de Saint-Dié. — **Arithmétique,** à l'usage des Élèves des Écoles normales primaires, des Colléges, des Lycées, des Pensions, comprenant les matières exigées *pour le brevet d'instituteur et pour l'admission aux Écoles des Arts et Métiers.* Nouvelle édition, revue et augmentée. In-12; 1874.................................... 2 fr. 50 c.

†**LIONNET** (**E.**), Examinateur suppléant à l'Ecole Navale. — **Éléments d'Arithmétique.** (*Autorisé par l'Université.*) 3e édition. In-8; 1857....... 4 fr.

†**LIONNET** (**E.**). — **Complément des Éléments d'Arithmétique,** comprenant les **Approximations numériques,** à l'usage des Candidats aux Ecoles du Gouvernement et au Baccalauréat ès Sciences. (*Autorisé par l'Université.*) 2e édition, in-8; 1857.................................... 2 fr. 50 c.
    Les **Approximations numériques** se vendent séparément...... ... 1 fr.

†**SERRET** (**J.-A.**), Membre de l'Institut. — **Traité d'Arithmétique,** à l'usage des candidats au Baccalauréat ès Sciences et aux Écoles spéciales. 6e édit., revue et mise en harmonie avec les derniers programmes officiels par **J.-A. Serret** et par **Ch. de Comberousse,** Professeur de Cinématique à l'Ecole Centrale et de Mathématiques spéciales au Collège Chaptal. In-8; 1875..... 4 fr. 50 c.

†**VIEILLE.** — **Théorie générale des approximations numériques,** à l'usage des Candidats aux Ecoles spéciales du Gouvernement. In-8; 2e édit.; 1854. 3 fr. 50 c.

ALGÈBRE.

***AMADIEU** (**P.-F.**). — **Notions élémentaires d'Algèbre,** exigées pour l'admission à l'École Navale, à l'École de Saint-Cyr et à l'École Forestière. In-12 avec figures, 3e édition; 1867.................................... 3 fr.

†**BENOIT** (**P.-M.-N.**), Ingénieur civil. — **La Règle à calcul expliquée,** ou **Guide du calculateur** à l'aide de la **Règle logarithmique à tiroir.** Fort volume in-12, avec pl.; 1853.................................... 5 fr.
    In-8 : S.

La **Règle à calcul** (*Instrument par Gravet-Lenoir*) se vend séparément.   7 fr.

†**BIEHLER**, Directeur des Études à l'École préparatoire du Collège Stanislas.
— **Sur la théorie des équations** (Thèse). In-4; 1879............   5 fr.

BOSET, Professeur à l'Athénée royal de Namur. — **Traité élémentaire d'Algèbre.** In-8; 1880.., 7 fr. 50 c.

†**BOURDON**. — **Éléments d'Algèbre**, avec Notes de M. *Prouhet.* 15e édit.
In-8; 1877. (*Adopté par l'Université.*).. ....   8 fr.

CAMPOU (de), Professeur au Collège Rollin. — **Théorie des quantités négatives.** In-8, avec figures dans le texte; 1879....................   1 fr. 5c.

†**CHOQUET**, Docteur ès Sciences, ancien Répétiteur à l'Ecole d'Artillerie de la
Flèche. — **Traité d'Algèbre.** In-8; 1856. (*Autorisé.*).....   7 fr. 50 c.

†**DESBOVES**. — **Mémoire sur la résolution en nombres entiers de l'équation** $aX^m + bY^m = cZ^n$. In 8; 1879.........................   1 fr. 50 c.

†**LABOSNE** (A.). —**Instruction sur la Règle à calcul**, contenant les applications
de cet instrument au calcul des expressions numériques, à la résolution des
équations du deuxième et du troisième degré, et aux principales questions de
Trigonométrie. In-8; 1872.............................   2 fr.

†**LACROIX** (S.-F.).—**Éléments d'Algèbre**, à l'usage des candidats aux Ecoles du
Gouvernement. 24e édition, revue, corrigée et annotée conformément aux *nouveaux Programmes* de l'enseignement dans les Lycées, par M. *Prouhet,* Professeur
de Mathématiques. In-8; 1879. (*Autorisé par décision ministérielle.*)....   6 fr.

†**LACROIX** (S.-F.). — **Complément des Éléments d'Algèbre** à l'usage de
l'École centrale des Quatre-Nations. 7e édition. In-8; 1863.... .....   4 fr.

†**LAGUERRE**. — **Notes sur la résolution des équations numériques.** In-8;
1880 ....   2 fr.

†**LAURENT** (H.), Répétiteur d'Analyse à l'École Polytechnique. — **Traité
d'Algèbre** à l'usage des Candidats aux Écoles du Gouvernement. 3e édit., revue
et mise en harmonie avec les derniers programmes. 3 vol. in-8.......   12 fr.
On vend séparément :
Ire Partie, **Algèbre élémentaire**, à l'usage des *Classes de Mathématiques élémentaires;* 1879...   4 fr.
IIe Partie, **Analyse algébrique**, à l'usage des *Classes de Mathématiques spéciales;* 1880..   4 fr.
IIIe Partie, **Théorie des équations**, à l'usage des *Classes de Mathématiques
spéciales;* 1881...   4 fr.

LEFÉBURE DE FOURCY.—**Leçons d'Algèbre.** 9e édition; 1880.   7 fr. 50 c.

†**LEMONNIER** (H.), Docteur ès Sciences, Professeur de Mathématiques spéciales au Lycée Henri IV. — **Mémoire sur l'élimination.** In-4; 1879.   6 fr.

†**LIONNET**. — **Algèbre élémentaire**, à l'usage des candidats au Baccalauréat
ès Sciences et aux Ecoles du Gouvernement. 3e édition. In-8; 1868.   4 fr.

†**ROUCHÉ** (E.), ancien Elève de l'École Polytechnique, Professeur au Lycée
Charlemagne. — **Eléments d'Algèbre**, à l'usage des candidats au Baccalauréat ès Sciences et aux Ecoles spéciales. In-8, avec 28 fig.; 1857...   4 fr.

†**SERRET** (J.-A.), Membre de l'Institut. — **Cours d'Algèbre supérieure.**
4e édition. 2 forts volumes in-8; 1877-1878 ....   25 fr.

GÉOMÉTRIE.

†**CHASLES**, Membre de l'Institut. — **Traité de Géométrie supérieure.** 2e édition. Grand in-8, avec 12 planches; 1880..................   24 fr.

†**CHASLES**, Membre de l'Institut.—**Aperçu historique sur l'origine et le développement des méthodes en Géométrie**, particulièrement de celles qui
se rapportent à la Géométrie moderne, suivi d'un *Mémoire de Géométrie sur
deux principes généraux de la Science, la Dualité et l'Homographie.* 2e édition,
conforme à la première. Un beau volume in-4 de 850 pages; 1875.....   35 fr.

†**CHASLES**. — **Traité des sections coniques**, faisant suite au **Traité de Géométrie supérieure.** *Première Partie.* In-8, avec 5 planches; 1865..... .   9 fr.

COMPAGNON (P.-F.), ancien Professeur de l'Université. — **Eléments de
Géométrie.** Cet Ouvrage est surtout destiné aux jeunes gens qui se préparent
aux Ecoles du Gouvernement. 2e édition. In-8, avec figures; 1876.. .. .   7 fr.

COMPAGNON (**P.-F.**). — **Abrégé des Éléments de Géométrie**. Cet Ouvrage s'adresse plus particulièrement aux Élèves des différentes classes de Lettres, aux candidats au Baccal. ès Lettres ou ès Sc., et aux Élèves de l'Enseignement secondaire spécial. 2ᵉ édition. In-8, avec fig.; 1876. (*Autorisé par le Conseil supérieur de l'Enseignement secondaire spécial.*)...... 4 fr. 50 c.

†**COMPAGNON** (**P.-F.**). — **Questions proposées sur les Éléments de Géométrie**, divisées en Livres, Chapitres et paragraphes, et contenant quelques indications *sur la manière de résoudre certaines questions*. In-8, avec figures dans le texte; 1877.. 5 fr.

†**CREMONA** (**L.**), Directeur de l'École d'application des Ingénieurs, à Rome. — **Éléments de Géométrie projective**; traduits par *Ed. Dewulf*, Chef de bataillon du Génie. Un beau volume in-8, 216 figures sur cuivre, en relief, dans le texte; 1875.. 6 fr.

†**DOSTOR** (**G.**). — **Théorie générale des polygones étoilés**. In-4; 1881. 2 fr.

FLYE SAINTE-MARIE, Capitaine d'Artillerie. — **Études analytiques sur la théorie des parallèles**. In-8, avec 8 planches; 1871................ 5 fr.

FOLIE (**F.**), Administrateur-Inspecteur de l'Université de Liège. — **Recherches de Géométrie supérieure**. — Évolution. — Synthèse des théorèmes de Pascal et de Brianchon. — Rapport anharmonique et involution du $n^{ième}$ ordre. In-8; 1878................................... 1 fr. 50

FOLIE (**F.**). — **Fondements d'une Géométrie supérieure cartésienne**. In-4, avec planche; 1872.. 5 fr.

†**HOÜEL** (**J.**), Professeur de Mathématiques pures à la Faculté des Sciences de Bordeaux. — **Essai critique sur les principes fondamentaux de la Géométrie élémentaire ou Commentaire sur les XXXII premières propositions des Éléments d'Euclide**. In-8, avec figures; 1867.................. 2 fr. 50 c.

†**LACROIX** (**S.-F.**). — **Éléments de Géométrie**, suivis de *Notions sur les courbes usuelles*. 21ᵉ édition, conforme aux *Programmes* de l'enseignement dans les Lycées, revue et corrigée par M. *Prouhet*, Répétiteur à l'École Polytechnique. In-8, avec 220 fig. dans le texte; 1880. (*Autorisé par décision ministérielle.*). 4 fr.

†**LALANNE** (**Léon**), Inspecteur général des Ponts et Chaussées, Membre de l'Académie des Sciences. — **De l'emploi de la Géométrie pour résoudre certaines questions de moyennes et de probabilités**. In-4, avec figures; 1879. 2 fr.

†**MARIE** (**F.-C.-M.**). — **Géométrie stéréographique, ou Reliefs des polyèdres pour faciliter l'étude des corps**, en 25 pl. gravées dont 24 sur carton et découpées, d'après l'Ouvrage anglais de *Cowley*. In-8; 1835........ 5 fr.

NEÊL. — **Les applications de Blanchet. Théorèmes, lieux géométriques et problèmes**. In-8, avec 73 planches intercalées dans le texte. Louvain; 1879.. 3 fr. 50 c.

PETERSEN (**Julius**), Membre de l'Académie royale danoise des Sciences, Professeur à l'École royale polytechnique de Copenhague. — **Méthodes et théories pour la résolution des problèmes de constructions géométriques**, *avec application à plus de 400 problèmes*. Traduit par *O. Chemin*, Ingénieur des Ponts et Chaussées. Petit in-8, avec figures; 1880........................... 4 fr.

PONCELET, Membre de l'Institut. — **Traité des propriétés projectives des figures**. 2ᵉ édition, 2 volumes in-4, avec de nombreuses planches gravées sur cuivre; 1865-1866...................................... 40 fr.

   Le IIᵉ Volume se vend séparément .... 20 fr.

†**ROUCHÉ** (**E.**), Professeur à l'École Centrale, Répétiteur à l'École Polytechnique, etc., et **DE COMBEROUSSE** (**Ch.**), Professeur à l'École Centrale et au Collège Chaptal, etc. — **Traité de Géométrie**, conforme aux Programmes officiels, renfermant un très-grand nombre d'exercices et plusieurs Appendices consacrés à l'exposition des PRINCIPALES MÉTHODES DE LA GÉOMÉTRIE MODERNE. 4ᵉ édition, revue et notablement augmentée. In-8 de xxxviii-900 pag., avec 616 fig. dans le texte et 1085 *Questions proposées*; 1878-1879. 14 fr.

   On vend séparément :
   Iʳᵉ Partie (*Géométrie plane.*)............................. 6 fr.
   IIᵉ Partie (*Géométrie dans l'espace, courbes et surfaces usuelles*)...... 8 fr.

†**ROUCHÉ** (**E.**) et **DE COMBEROUSSE** (**Ch.**). — **Éléments de Géométrie** rédigés conformément aux Programmes d'enseignement des classes de troi-

sième, de seconde, de rhétorique et de philosophie, suivis d'un COMPLÉMENT A L'USAGE DES ELÈVES DE MATHÉMATIQUES ÉLÉMENTAIRES ET DE MATHÉMATIQUES SPÉCIALES, et de *Notions sur le lever des plans, l'arpentage et le nivellement.* 3ᵉ édition, revue et augmentée. In-8, avec fig. dans le texte; 1881.......... 6 fr.

†**SERRET** (**Paul**), Docteur ès Sciences, Membre de la Société philomathique. — **Géométrie de direction.** APPLICATION DES COORDONNÉES POLYÉDRIQUES. *Propriété de dix points de l'ellipsoïde, de neuf points d'une courbe gauche du quatrième ordre, de huit points d'une cubique gauche.* In-8, avec fig. dans le texte; 1869... 10 fr.

†**TARNIER**, Inspecteur de l'Instruction primaire à Paris. — **Éléments de Géométrie pratique,** conformes au Programme de l'enseignement secondaire spécial (année préparatoire, Sciences), à l'usage des Écoles primaires et des divers établissements scolaires. In-8, avec figures dans le texte, accompagné d'un Atlas in-folio contenant 1 planche typographique et 7 belles planches coloriées gravées sur acier; 1872.

    Prix du texte broché, avec l'Atlas en feuilles dans une couvert. imprimée. 6 fr.

    Prix du texte cartonné et de l'Atlas cartonné sur onglets...... 8 fr. 75 c.

On vend séparément :

Le texte, broché..... 2 fr. 50 c.   Le texte, cartonné......, 3 fr. 25 c.

L'Atlas, en feuilles. 3 fr. 50 c.   L'Atlas, cart. sur onglets. 5 fr. 50 c.

Les 8 planches collées sur toile, et formant une *grande carte murale,* vernie, avec gorge et rouleau.. 12 fr.

Les 8 planches collées séparément sur carton, avec anneau....... 10 fr.

†**VIANT** (**J.**). — **Notions sur quelques courbes usuelles,** à l'usage des candidats aux Écoles et au Baccalauréat. In-8, avec pl.; 1864.. 2 fr. 50 c.

TRIGONOMÉTRIE.

†**BOURDON.** — **Trigonométrie rectiligne et sphérique.** 2ᵉ édition, revue et annotée par M. *Brisse,* Agrégé de l'Université, Professeur au Lycée Fontanes. In-8 avec figures dans le texte; 1877. (*Adopté par l'Université.*)....... 3 fr.

†**CARÊME.** — **Trigonométrie rectiligne.** In-8, avec fig.; 1869... 2 fr. 50 c.

†**DELISLE,** Examinateur de la Marine, et **GERONO**, Professeur de Mathématiques. — **Éléments de Trigonométrie rectiligne et sphérique.** 7ᵉ édition, revue et augmentée. In-8, avec planches; 1876.................. 3 fr. 50c.

†**LACROIX** (**S.-F.**) — **Traité élémentaire de Trigonométrie rectiligne et sphérique et d'application de l'Algèbre à la Géométrie.** 11ᵉ édit., revue et corrigée. In-8, avec planches; 1863........................ .... 4 fr.

LEFÉBURE DE FOURCY. — **Éléments de Trigonométrie,** contenant la Trigonométrie rectiligne, la Trigonométrie sphérique et quelques applications à l'Algèbre. 12ᵉ édition. In-8, avec planche; 1879.......... 2 fr.

***LE COINTE** (**I.-L.-A.**), de la Compagnie de Jésus, Professeur au Collège Sainte-Marie, à Toulouse. — **Leçons sur la théorie des fonctions circulaires et la Trigonométrie** 1 vol. in 8, avec figures dans le texte; 1858... ..... 4 fr.

†**SERRET** (**J.-A.**), Membre de l'Institut. — **Traité de Trigonométrie.** 6ᵉ éd. In-8, avec fig. dans le texte; 1880. (*Autorisé par décision ministérielle.*) 4 fr.

APPLICATION DE L'ALGÈBRE A LA GÉOMÉTRIE.

BOSET, Professeur à l'Athénée royal de Namur. — **Traité de Géométrie analytique,** précédé des *Éléments de la Trigonométrie rectiligne et sphérique.* In-8, avec 322 figures dans le texte; 1878............................. 12 fr.

†**BOURDON.** — **Application de l'Algèbre à la Géométrie,** comprenant la Géométrie analytique à deux et à trois dimensions. 9ᵉ édition, revue et annotée par M. *Darboux.* In-8, avec pl.; 1880. (*Adopté par l'Université.*)..... 9 fr.

CARNOY, Professeur à l'Université de Louvain. — **Cours de Géométrie analytique.** 2 volumes grand in-8, avec figures dans le texte.......... 21 fr.

On vend séparément :

    Géométrie plane. 3ᵉ édition; 1880.................. 10 fr.

    Géométrie de l'espace. 3ᵉ édition; 1881... .... (*Sous presse.*)

CLEBSCH (**Alfred**).—**Leçons sur la Géométrie,** recueillies et complétées par *Ferdinand Lindemann,* Professeur à l'Université de Fribourg en Brisgau, et traduites par *Adolphe Benoist,* Docteur en droit. 3 vol. grand in-8, avec figures dans le texte; 1879-1880.

Tome Ier. — Traité des sections coniques et Introduction à la théorie des formes algébriques .... 12 fr.

Tome II. — Courbes algébriques en général et courbes du troisième ordre. 14 fr.

Tome III. — Intégrales abéliennes et connexes................. (*Sous presse.*)

†**DELISLE et GERONO.** — **Géométrie analytique.** In-8, avec pl.; 1854. 5 fr.

DOSTOR (**G.**), Docteur ès Sciences, Professeur à l'Université catholique de Paris. — **Nouvelle détermination analytique des foyers et des directrices dans les sections coniques** représentées par leurs équations générales; précédée des *Expressions générales des divers éléments* que l'on distingue dans les courbes du second degré, et suivie de la *Détermination des coniques à centre par leur centre et les extrémités de deux demi-diamètres conjugués.* Grand in-8; 1879 .... 2 fr.

LEFÉBURE DE FOURCY. — **Leçons de Géométrie analytique.** 9e édition; 1871 .... 7 fr. 50 c.

PONCELET. — **Applications d'Analyse et de Géométrie** qui ont servi de principal fondement au **Traité des propriétés projectives des figures.** 2 forts volumes in-8, avec figures dans le texte; 1862-1864............ 20 fr.
Chaque Volume se vend séparément .... 10 fr.

†**SALMON.** — **Traité de Géométrie analytique** (*Sections coniques*); traduit de l'anglais par M. *Resal,* Ingénieur des Mines, et M. *Vaucheret,* ancien Élève de l'École Polytechnique. 2e édition française. In-8............... (*Sous presse.*)

TABLES DE LOGARITHMES, D'INTÉRÊTS, ETC.

†**CHARLON** (**H.**). — **Théorie mathématique des opérations financières.** 2e édition. Grand in-8, avec Tables numériques relatives aux emprunts par obligations, Tables numériques relatives aux calculs d'intérêts composés et d'annuités, et Tables logarithmiques de Fedor Thoman relatives aux calculs d'intérêts composés et d'annuités; 1878 .... 12 fr. 50 c.

CHARLON (**H.**). — **Théorie élémentaire des opérations financières.** Grand in-8, avec Tables; 1880 .... 6 fr. 50 c.

†**DORMOY** (**E.**). — **Théorie mathématique des assurances sur la vie.** 2 vol. grand in-8; 1878 .... 20 fr.
Chaque Volume se vend séparément .... 10 fr.

†**DORMOY** (**E.**). — **Traité du jeu de la bouillotte,** avec une Préface par *Francisque Sarcey.* Grand in-8; 1880...................... 1 fr. 75 c.

GALEZOWSKI (**Joseph**), Sous-Chef de bureau au Crédit foncier de France, ancien Professeur à l'Académie militaire de Saint-Pétersbourg. — **Tables des annuités calculées d'après la méthode de Fédor Thoman** et précédées d'une *Instruction sur l'emploi de cette méthode.* In-8; 1880........... 2 fr.

†**HOÜEL** (**J.**). — **Tables de logarithmes à CINQ DÉCIMALES pour les nombres et les lignes trigonométriques,** suivies des logarithmes d'addition et de soustraction ou Logarithmes de Gauss et de diverses Tables usuelles. Nouvelle édition. Grand in-8; 1881. (*Autorisé par décision ministérielle.*) 2 fr.

†**HOÜEL** (**J.**). — **Recueil de formules et de Tables numériques,** formant le complément des *Tables de logarithmes à cinq décimales* du même Auteur. 2e édition. Grand in-8; 1868 .... 4 fr. 50 c.

†**LACOMBE.** — **Nouveau manuel de l'escompteur, du banquier, du capitaliste et du financier, ou Nouvelles Tables de calculs d'intérêts simples,** avec le calendrier de l'escompteur. Nouvelle édition, précédée d'une *Instruction sur les calculs d'intérêts et l'usage des Tables,* par M. LAAS D'AGUEN, éditeur des Tables de Violeine, et terminée par un Exposé des lois sur les intérêts, les rentes, les effets de commerce, les chèques, etc., par M. B., Docteur en Droit. Un fort vol. in-18 jésus; 1877 .... 6 fr.

†**LALANDE.** — **Tables de logarithmes pour les nombres et les sinus à CINQ DÉCIMALES,** revues par le baron *Reynaud.* Edition augmentée de *Formules pour la résolution des triangles,* par M. *Bailleul,* typographe, et d'une *Nouvelle Introduction.* In-18; 1880. (*Autorisé par décision ministérielle.*). 2 fr.
Cartonné... 2 fr. 40 c.

†**LALANDE**. — **Tables de logarithmes**, étendues à **SEPT DÉCIMALES**, par *F.-C.-M. Marie*, précédées d'une Instruction, par le baron *Reynaud*. Nouvelle édition, augmentée de *Formules pour la résolution des triangles*, par M. *Bailleul*, typographe. In-12; 1880............................ 3 fr. 50 c.
Cartonné.. 3 fr. 90 c.

†**LEONELLI**. — **Supplément logarithmique**, précédé d'une NOTICE SUR L'AUTEUR, par M. *J. Hoüel*, Professeur de Mathématiques pures à la Faculté des Sciences de Bordeaux. 2e édition, réimprimée conformément à l'édition originale de l'an XI. In-8; 1876.. 4 fr.

NAMUR. — **Tables de logarithmes à douze décimales jusqu'à 434 milliards**, avec preuves, précédées d'une *Notice sur l'usage des Tables*, par P. MANSION, Professeur à l'Université de Gand. (Publiées par l'Académie royale de Belgique.) Grand in-8; 1877.. 1 fr.

†**NOURY**. — **Tarifs d'après le système métrique décimal pour cuber les bois carrés en grume ou ronds, et tous les corps solides quelconques, ainsi que les colis ou ballots, caisses, etc.** 3e édition. In-8; 1877. (*Approuvé par les Ministres de l'Intérieur et de la Marine.*).......................... 4 fr.

PEREIRE (**E.**). — **Tables de l'intérêt composé, des annuités et des rentes viagères**. 2e éd., augmentée de 8 *Tableaux graphiques*. In-4; 1873... 10 fr.

†**SCHRÖN** (**L.**). — **Tables de logarithmes à sept décimales** pour les nombres depuis **1** jusqu'à **108000** et pour les lignes trigonométriques de dix secondes en dix secondes, et **Table d'interpolation pour le calcul des parties proportionnelles;** précédées d'une **Introduction** par *J. Hoüel*, Professeur à la Faculté des Sciences de Bordeaux. 2 beaux volumes, grand in-8 jésus, tirés sur vélin collé. Paris, 1881.

PRIX :

	Broché.	Cartonné.
Tables de logarithmes..........................	8 fr.	9 fr. 75 c.
Table d'interpolation...........................	2	3 25
Tables de logarithmes et Table d'interpolation réunies en un seul volume......................	10	11 75

†**THOMAN** (**Fedor**). — **Théorie des intérêts composés et des annuités**, suivie de Tables logarithmiques. Ouvrage traduit de l'anglais par M. l'abbé *Bouchard*, et précédé d'une préface de M. *J. Bertrand*, Secrétaire perpétuel de l'Académie des Sciences. (Cette édition française renferme plusieurs Tables inédites de *Fedor Thoman*.) Grand in-8; 1878 .... 10 fr.

VASQUEZ QUEIPO, Membre de l'Académie royale des Sciences de Madrid. — **Tables de logarithmes à SIX DÉCIMALES**, pour les nombres depuis 1 jusqu'à 20000, et pour les lignes trigonométriques, le rayon étant pris égal à l'unité; suivies de plusieurs Tables très utiles. 2e édition française. In-8; 1876.. 3 fr.

VASSAL (**le major Vladimir**), ancien Ingénieur. — **Nouvelles Tables** donnant avec cinq décimales les **logarithmes vulgaires et naturels** des nombres de 1 à 10800 et des **fonctions circulaires et hyperboliques**, pour tous les degrés du quart de cercle de minute en minute. Un beau volume in-4, imprimé sur vélin; 1872.. 12 fr.

†**VIOLEINE** (**A.-P.**), Chef de bureau au Ministère des Finances. — **Nouvelles Tables pour les calculs d'intérêts composés, d'annuités et d'amortissement.** 3e édition (nouveau tirage), revue et développée par M. *Laas d'Aguen*, gendre de l'Auteur. In-4; 1876.. 15 fr.

GÉOMÉTRIE DESCRIPTIVE ET APPLICATIONS.

BREITHOF (**N.**), Professeur à l'Université de Louvain, Membre des Académies royales des Sciences de Madrid, de Lisbonne, etc. — **Traité de Géométrie descriptive, Applications et Suppléments**, publié en trois Parties comprenant 6 Volumes. Chaque Volume se vend séparément.

Ire PARTIE — **Traité de Géométrie descriptive.** 2e édit. 2 volumes; 1880-1881.
   Tome I. — *Point, droite, plan.* Grand in-8, avec Atlas de 31 pl. 8 fr. 50 c.
   Tome II. — *Surfaces courbes.* Grand in-8, avec Atlas.... (*Sous presse.*)
IIe PARTIE. — **Applications de Géométrie descriptive.** *Perspective axonomé-*

trique et perspective cavalière. Grand in-4 lithographié, avec 73 figures dans le texte ; 1879... 5 fr.

IIIᵉ Partie. — **Supplément au Traité de Géométrie descriptive.** 3 vol.; 1877-1878-1879.

Tome I. — *Les projections axonométriques*. Grand in-4 lithographié, avec 92 figures dans le texte.............................. 3 fr. 50 c.

Tome II. — *Les projections obliques*. Grand in-4 lithographié, avec 121 figures dans le texte.............................. 3 fr. 50 c.

Tome III. — *Les projections centrales*. Grand in-4 lithographié, avec 130 figures dans le texte.............................. 3 fr. 50 c.

Les 3 Volumes composant cette IIIᵉ Partie se vendent ensemble...... 9 fr.

*CABANIÉ, Charpentier, Professeur de Trait de charpente, de Mathématiques, etc. — **Charpente générale théorique et pratique.** 2 volumes in-folio, avec planches. 2ᵉ édition................................... 50 fr.

On vend séparément : le Tome Iᵉʳ, **Bois droit**.................. 25 fr.
le Tome II, **Bois croche** .... 25 fr.

Pour recevoir l'Ouvrage *franco*, ajouter 2 fr. 50 c. par Volume.

†GOURNERIE (de la), Membre de l'Institut. — **Traité de Géométrie descriptive.** In-4, publié en *trois Parties*, avec Atlas .... 30 fr.

Chaque Partie se vend séparément.............................. 10 fr.

La Iʳᵉ Partie (2ᵉ édit., 1873) contient tout ce qui est exigé pour l'admission à l'Ecole Polytechnique. Elle est suivie d'un Supplément contenant la solution de deux problèmes et des figures cavalières pour l'explication des constructions les plus difficiles. La IIᵉ Partie (2ᵉ éd., 1880) et la IIIᵉ Partie sont le développement du Cours de Géométrie descriptive professé à l'École Polytechnique.

JULLIEN (A.), Licencié ès Sciences mathématiques et physiques. — **Méthode nouvelle pour l'enseignement de la Géométrie descriptive (perspective et reliefs).**

La Méthode se compose d'un Cours élémentaire et d'une Collection de reliefs, qui se vendent séparément, savoir :

Cours élémentaire de Géométrie descriptive, conforme au programme du Baccalauréat ès Sciences. 2ᵉ édition. In-18 jésus, avec figures et 143 planches intercalées dans le texte ; 1878. Cartonné..................... 3 fr. 50 c.

Collection de reliefs à pièces mobiles se rapportant aux questions principales du Cours élémentaire :

Petite boîte comprenant 30 reliefs, avec 118 pièces métalliques pour monter les reliefs et une Notice explicative. (*Port non compris.*).............. 10 fr.

Grande boîte, comprenant les mêmes reliefs tout montés. (*Port non compris.*) 15 fr.

LEFÉBURE DE FOURCY. — **Traité de Géométrie descriptive.** 8ᵉ édition. 2 vol. in-8, dont un se compose de 32 planches ; 1881.......... 10 fr.

†LEROY (C.-F.-A.), ancien Professeur à l'Ecole Polytechnique et à l'Ecole Normale supérieure. — **Traité de Géométrie descriptive,** suivi de la *Méthode des plans cotés* et de la *Théorie des engrenages cylindriques et coniques*. 11ᵉ édition, revue et annotée par M. *Martelet,* Professeur à l'École Centrale des Arts et Manufactures. In-4, avec Atlas de 71 planches ; 1881.............. 16 fr.

†LEROY (C.-F.-A.). — **Traité de Stéréotomie,** comprenant les **Applications de la Géométrie descriptive à la théorie des ombres, la perspective linéaire, la gnomonique, la coupe des pierres et la charpente.** 7ᵉ édition, revue et annotée par M. *Martelet*. In-4, avec Atlas de 74 planches in-folio ; 1877. 26 fr.

†MANNHEIM (A.), Chef d'escadron d'Artillerie, Professeur à l'École Polytechnique. — **Cours de Géométrie descriptive de l'Ecole Polytechnique,** comprenant les Éléments de la Géométrie cinématique. Grand in-8, illustré de 249 figures dans le texte ; 1880............................... 17 fr.

†VIANT (J.). — **Eléments de Géométrie descriptive,** rédigés conformément au nouveau **Programme de Saint-Cyr,** à l'usage des candidats à ladite Ecole, à l'Ecole Navale, à l'Ecole Forestière et au Baccalauréat ès Sciences. In-8, avec Atlas de 16 planches ; 1862................................... 2 fr. 50 c.

PERSPECTIVE. — DESSIN LINÉAIRE.

BOUCHET (Jules). — **Exercices de Dessin linéaire et de Lavis** à l'usage des aspirants à l'École Centrale des Arts et Manufactures. (*Recueil approuvé par le Conseil des Études.*) In-folio oblong.................................... 6 fr.

BREITHOF (**N.**), Professeur à l'Université de Louvain, Membre des Académies royales des Sciences de Madrid, de Lisbonne, etc. — **Traité de perspective cavalière.** Méthode conventionnelle de dessin présentant les avantages de la perspective linéaire et ceux de la méthode des projections orthogonales, à l'usage des Officiers du génie, des Ingénieurs, Architectes, Conducteurs de travaux, Chefs d'atelier, Appareilleurs, Tailleurs de pierre, etc.; des Académies et Ecoles de dessin, Écoles industrielles, Ecoles des Arts et Métiers, etc. Grand in-8, avec Atlas de 8 planches in-4; 1881................ 3 fr. 75 c.

*CHEVILLARD (**A.**), Professeur à l'École des Beaux-Arts. — **Leçons nouvelles de Perspective.** 2ᵉ édition. In-8, avec Atlas de 32 planches in-4, gravées sur acier; 1878.. 12 fr.

†DELAISTRE (**L.**), Professeur de Dessin général. — **Cours complet de Dessin linéaire, gradué et progressif,** contenant la Géométrie pratique, élémentaire et descriptive; l'Arpentage, la Levée des Plans et le Nivellement; le Tracé des Cartes géographiques; des Notions sur l'Architecture; le Dessin industriel; la Perspective linéaire et aérienne; le tracé des ombres et l'étude du Lavis. Quatre Parties, composées de 60 planches et 74 pages de texte in-4 oblong à deux colonnes, tirées sur jésus. 3ᵉ édition; 1880. Prix : cartonné..... 15 fr.

Ouvrage donné en prix, par la Société d'Encouragement pour l'Industrie nationale, aux contre-maîtres des établissements industriels, et choisi par M. le Ministre de l'Instruction publique pour les bibliothèques scolaires.

GOURNERIE (de la). — **Traité de Perspective linéaire.** 1 vol. in-4, avec Atlas in-folio de 45 planches, dont 8 doubles; 1859................ 40 fr.

†POUDRA, Officier supérieur d'État-Major, ancien Professeur à l'École d'État-Major, ancien Élève de l'École Polytechnique. — **Traité de Perspective-Relief,** contenant : 1° la construction des bas-reliefs; 2° le tracé des décorations théâtrales; 3° une théorie des apparences, avec les applications aux décorations architecturales; 4° des applications à la décoration des parcs et jardins. In-8, avec atlas de 18 planches; 1862.............. 8 fr. 50 c.

†THIERRY fils, éditeur du *Vignole de poche.*—**Méthode graphique et géométrique,** ou le **Dessin linéaire appliqué aux arts.** 2ᵉ édition, revue et corrigée par M. *C.-F.-M. Marie.* Grand in-8 oblong, avec 50 pl.; 1846...... 6 fr.

Ouvrage choisi par M. le Ministre de l'Instruction publique pour les bibliothèques scolaires.

TISSOT (**A.**), Examinateur d'admission à l'École Polytechnique. — **Mémoire sur la représentation des surfaces et les projections des cartes géographiques,** suivi d'un *Complément* et de *Tableaux numériques* relatifs à la déformation produite par les divers systèmes de projection. In-8; 1881.. 9 fr.

COURS DE MATHÉMATIQUES. — PROBLÈMES. COLLECTIONS DIVERSES.

ARAGO (**F.**). — **Œuvres complètes.** 17 volumes in-8, avec nombreuses figures.. 127 fr. 50 c.

On vend séparément :

Astronomie populaire. 4 volumes, avec un portrait d'Arago et 362 figures, dont 80 gravées sur acier et 282 gravées sur bois.............. 30 fr.

Notices biographiques. 3 volumes, avec une Introduction aux *OEuvres d'Arago,* par A. DE HUMBOLDT.................................... 22 fr. 50 c.

Notices scientifiques. 5 volumes, avec 35 figures sur bois..... 37 fr. 50 c.

Voyages scientifiques. 1 volume........................... 7 fr. 50 c.

Mémoires scientifiques. 2 volumes, avec 53 figures sur bois........ 15 fr.

Mélanges. 1 volume.. 7 fr. 50 c.

Tables analytiques. 1 volume d'environ 900 pages, précédé du Discours prononcé aux funérailles d'Arago et d'une Notice chronologique sur ses OEuvres.. 7 fr. 50 c.

†**CATALAN (E.)**, ancien Élève de l'Ecole Polytechnique. — **Manuel des candidats à l'École Polytechnique.** 2 vol. in-18, avec 306 figures....... 9 fr.
Chaque Volume se vend séparément.
Tome Ier : **Algèbre, Trigonométrie, Géométrie analytique à deux dimensions.** In-18, avec 167 figures dans le texte ; 1857.............. 5 fr.
Tome II : **Géométrie analytique à trois dimensions, Mécanique.** In-18, avec 139 figures dans le texte ; 1858............................. 4 fr.

†**CHEVALLIER et MÜNTZ.** — **Problèmes de Mathématiques,** avec leurs solutions développées, à l'usage des candidats au Baccalauréat ès Sciences et aux Écoles du Gouvernement. In-8, lithographié ; 1872.............. 4 fr.

†**COMBEROUSSE** (**Ch. de**), Ingénieur, Professeur de Mécanique et Examinateur d'admission à l'Ecole Centrale des Arts et Manufactures, Professeur de Mathématiques spéciales au Collège Chaptal. — **Cours de Mathématiques,** à l'usage des candidats à l'Ecole Polytechnique, à l'Ecole Normale supérieure et à l'Ecole Centrale des Arts et Manufactures. 5 volumes in-8, avec figures dans le texte et planches.
Chaque Volume se vend séparément, savoir :
Tome Ier : *Arithmétique, Algèbre élémentaire.* 2e édition ; 1876...... 10 fr.
On vend à part : *Arithmétique*.................. 4 fr.
Algèbre élémentaire............ 6 fr.
Tome II : *Géométrie élémentaire, plane et dans l'espace, Trigonométrie rectiligne et sphérique.* 2e édition ; 1881.................. (Sous presse.)
Tome III : *Algèbre supérieure.* 2e édition.................... (Sous presse.)
Tome IV : *Géométrie analytique, plane et dans l'espace, Éléments de Géométrie descriptive* (avec Atlas). 2e édition........................ (Sous presse.)
Tome V : *Éléments de Géométrie supérieure, Notions sur la résolution des problèmes.* 2e édition .... (En préparation.)

†**DUHAMEL.** — **Des méthodes dans les sciences de raisonnement.** 5 volumes in-8.. 27 fr. 50 c.
On vend séparément :
Première Partie : *Des méthodes communes à toutes les sciences de raisonnement.* 2e édition. In-8 ; 1875......................... 2 fr. 50 c.
Deuxième Partie : *Application des méthodes à la science des nombres et à la science de l'étendue.* 2e édition. In-8, avec figures ; 1877....... 7 fr. 50 c.
Troisième Partie : *Application de la science des nombres à la science de l'étendue.* In-8, avec figures ; 1868............................. 7 fr. 50 c.
Quatrième Partie : *Application des méthodes à la science des forces.* In-8, avec figures ; 1870..................................... 7 fr. 50 c.
Cinquième Partie : *Essai d'une application des méthodes à la science de l'homme moral.* In-8 ; 1873................................. 2 fr. 50 c.

FOUCAULT (**Léon**). — **Recueil de ses travaux scientifiques.** (*Voir* p. 32.)

INSTITUT DE FRANCE. — **Comptes rendus hebdomadaires des séances de l'Académie des Sciences.**
Ces **Comptes rendus** paraissent régulièrement tous les dimanches, en un cahier de 32 à 40 pages, quelquefois de 80 à 120. L'abonnement est annuel, et part du 1er janvier.
Prix de *l'abonnement, franco :*
Pour Paris................. 20 fr. ‖ Pour les départements.. 30 fr.
Pour l'Union postale .... 34 fr.
La collection complète, de 1835 à 1880, forme 91 volumes in-4.. 682 fr. 50 c.
Chaque année, sauf 1844, 1845, 1870, 1873, 1874, 1875, 1878 et 1879, se vend séparément........................ .... 15 fr.

Table générale des Comptes rendus des séances de l'Académie des Sciences, par ordre de matières et par ordre alphabétique de noms d'auteurs.
Tables des Tomes I à XXXI (1835-1850). In-4, 1853............... 15 fr.
Tables des Tomes XXXII à LXI (1851-1865). In-4, 1870............ 15 fr.

— **Supplément aux Comptes rendus des séances de l'Académie des Sciences.**
Tomes I et II, 1856 et 1861, séparément .... 15 fr.

INSTITUT DE FRANCE. — **Mémoires présentés par divers savants à l'Académie des Sciences,** et imprimés par son ordre. 2e Série. In-4 ; Tomes I à XXVI, 1827-1879.
Chaque Volume se vend séparément............................ 15 fr.

— **Mémoires de l'Académie des Sciences.** In-4 ; tomes I à XLI, 1816 à 1879.
Chaque Volume, à l'exception des Tomes ci après indiqués, se vend séparément .... 15 fr.
Le Tome XXXIII, avec Atlas, se vend séparément .... 25 fr.
Les Tomes VI et XXI ne se vendent pas séparément.

La Librairie Gauthier-Villars, qui depuis le 1er janvier 1877 a seule le dépôt des *Mémoires* publiés par l'Académie des Sciences, envoie franco sur demande la Table générale des matières contenues dans ces Mémoires.

INSTITUT DE FRANCE. — **Recueil de Mémoires, Rapports et Documents** relatifs à l'observation du passage de **Vénus** sur le Soleil.

Tome I. — Ire PARTIE : *Procès-verbaux des séances tenues par la Commission.* In-4 ; 1877 .... 12 fr. 50 c.
—IIe PARTIE, avec SUPPLÉMENT : *Mémoires divers.* In-4, avec 7 planches, dont 3 en chromolithographie ; 1876 .... 12 fr. 50 c.

Tome II. — Ire PARTIE : *Mission de Pékin.* Rapport de M. *Fleuriais.* — *Mission de Saint-Paul* (Astronomie). Rapport de M. *Mouchez.* In-4, avec 26 planches, dont 13 chromolithographies et 2 photoglypties ; 1878. 25 fr.
—IIe PARTIE : *Mission de Saint-Paul* (Météorologie, Géologie, etc.). Rapport de M. le Dr *Rochefort* et de M. *Ch. Vélain.* — *Mission du Japon.* Rapports de MM. Tisserand et Picard. — *Mission de Saïgon.* Rapport de M. *Héraud.* — *Mission de Nouméa.* Rapport de M. *André.* In-4, avec figures dans le texte et 34 planches, dont 5 en chromolithographie et 8 photoglypties ; 1880 .... 25 fr.

Tome III. — Ire PARTIE : *Mission de l'île Campbell.* Rapports de M. *Bouquet de la Grye* et de M. *H. Filhol.* In-4 .... (*Sous presse.*)
—IIe PARTIE : *Mesures des plaques photographiques,* publiées sous la direction de M. *Fizeau,* par MM. *Cornu, Baille, Mercadier, Gariel* et *Angot.* (*Sous presse.*)

INSTITUT DE FRANCE. — **Mémoires relatifs à la nouvelle maladie de la vigne,** présentés par divers savants à l'Académie des Sciences. (*Voir* pour le détail de ces *Mémoires* le CATALOGUE GÉNÉRAL, ou le PROSPECTUS SPÉCIAL qui est envoyé sur demande.)

†**LAGRANGE.** — **Œuvres complètes.** (*Voir* p. 20).

†**LAPLACE.** — **Œuvres complètes.** (*Voir* p. 20).

†**LE COINTE (I.-L.-A.).** — **Solutions développées de 300 problèmes** qui ont été proposés dans les compositions mathématiques pour l'admission au *grade de Bachelier ès sciences* dans diverses Facultés de France. In-8, avec figures dans le texte ; 1865 .... 6 fr.

***LONCHAMPT (A.).** — **Recueil des principaux problèmes** posés dans les examens pour l'*École Polytechnique* et pour l'*École Centrale des Arts et Manufactures,* ainsi que dans les conférences des *Écoles préparatoires* les plus importantes. **Énoncés et solutions.** 1 vol. lithogr., grand in-8 ; 1865. 8 fr.

†**LONCHAMPT (A.),** Préparateur aux Baccalauréats ès lettres et ès sciences, et aux Écoles du Gouvernement. — **Recueil de problèmes** tirés des *compositions données à la Sorbonne,* de 1853 à 1875-1876, pour les *Baccalauréats ès sciences,* suivis des compositions de Mathématiques élémentaires, de Physique, de Chimie et de Sciences naturelles, données aux *Concours généraux* de 1846 à 1875-1876, 2e édition. In-18 jésus, avec figures dans le texte et pl. ; 1876-1877.

Ire PARTIE : **Arithmétique. — Algèbre. — Trigonométrie.**

Questions....	1 fr. »
Solutions....	1 fr. 80 c

IIe PARTIE : **Géométrie** ....

Questions. ...	1 fr. »
Atlas........	60 c.
Solutions	2 fr. 80 c.

IIIe PARTIE : **Approximations numériques** (THÉORIE ET APPLICATION). — **Maxima et minima** (THÉORIE ET QUESTIONS). — **Courbes usuelles, Géométrie descriptive, Cosmographie, Mécanique.** *Théories et Questions.*.

	1 fr. 50 c.
Solutions..	1 fr. 50 c.

IVe PARTIE : **Physique. — Chimie.** (Les *Solutions* sont précédées d'un *Précis sur la résolution des Problèmes de Physique* ; par M. H. BERTUT, ancien Élève de l'École Polytechnique ....

Questions..	1 fr. »
Solutions..	2 fr. 50 c.

MOIGNO (l'Abbé). — **Actualités scientifiques.** Volumes in-18 jésus ou petit in-8, se vendant séparément.

1° **Analyse spectrale des corps célestes;** par *Huggins* . . . . (*Sous presse.*)
2° **Calorescence. — Influence des couleurs;** par *Tyndall* . . . . 1 fr. 50 c.
3° **La matière et la force;** par *Tyndall* . . . . 1 fr. 50 c.
4° **Les éclairages modernes;** par l'Abbé *Moigno* . . . . (*Épuisé.*)
5° **Sept Leçons de Physique générale;** par *A. Cauchy* . . . . (*Sous presse.*)
6° **Physique moléculaire;** par l'Abbé *Moigno* . . . . 2 fr. 50 c.
7° **Chaleur et froid;** par *Tyndall* . . . . (*Sous presse.*)
8° **Sur la radiation;** par *Tyndall* . . . . 1 fr. 25 c.
9° **Sur la force de combinaison des atomes;** par *Hofmann* . . . . 1 fr. 25 c.
10° **Faraday inventeur;** par *Tyndall* . . . . 2 fr. »
11° **Saccharimétrie optique, chimique et mélassimétrique;** par l'Abbé *Moigno* . . . . 3 fr. 50 c.
12° **La Science anglaise, son bilan en 1868** (réunion à Norwich); par l'Abbé *Moigno* . . . . 2 fr. 50 c.
13° **Mélanges de Physique et de Chimie pures et appliquées;** par *Frankland, Graham, Macquorn-Rankine, Perkin, Henri Sainte-Claire Deville, Tyndall* . . . . 3 fr. 50 c.
14° **Les aliments;** par *Letheby* . . . . 3 fr. »
15° **Constitution de la matière et ses mouvements;** par le *P. Leray* . . (*Épuisé.*)
16° **Esquisse historique de la théorie dynamique de la chaleur;** par *Tait* . . . . 3 fr. 50 c.
17° **Théorie du vélocipède. — Sur les lois de l'écoulement de la vapeur;** par *Macquorn-Rankine* . . . . 1 fr. 25 c.
18° **Les métamorphoses chimiques du carbone;** par *Odling* . . . . . 2 fr. »
†19° **Programme d'un Cours en sept Leçons sur les phénomènes et les théories électriques;** par *Tyndall* (Nouveau tirage.). 1 fr. 50 c.
20° **Géologie des Alpes et du tunnel des Alpes;** par *Élie de Beaumont* et *Sismonda* . . . . 2 fr. »
21° **La Science anglaise, son bilan en 1869** (réunion à Exeter). 3 fr. 50 c.
22° **La lumière;** par *Tyndall* . . . . 2 fr.
23° **Recherches sur les agents explosifs modernes et leurs applications;** par l'Abbé *Moigno* . . . . 2 fr. »
24° **Religion et Patrie,** vengées de la fausse science et de l'envie haineuse; par l'Abbé *Moigno* . . . . 1 fr. 50 c.
†25° **Éléments de Thermodynamique;** par *J. Moutier* . . . . (*Épuisé.*)
†26° **Sur la force de la Poudre et des matières explosibles;** par *Berthelot* . . . . 3 fr. 50 c.
27° **Sursaturation des solutions gazeuses;** par *Tomlinson* . . . . 2 fr. »
28° **Optique moléculaire. Effets de précipitation, de décomposition, d'illumination produits par la lumière;** par l'Abbé *Moigno* . . . . 2 fr. 50 c.
*29° **L'Architecture du monde des atomes,** dévoilant la construction des composés chimiques et leur cristallogénie, avec 100 fig. dans le texte; par *Gaudin* . . . . 5 fr. »
†30° **Étude sur les éclairs;** avec fig. dans le texte; par *Paul Perrin* . . 2 fr. 50 c.
†31° **Manuel pratique militaire des chemins de fer,** avec nombreuses figures dans le texte; par le Capitaine *Issalène* . . . . 2 fr. 50 c.
†32° **Instruction sur les Paratonnerres;** par *Gay-Lussac* et *Pouillet.* Nouvelle édition, avec 58 figures et planche, adoptée par l'Académie des Sciences . . . . 2 fr. 50 c.
†33° **Tables barométriques et hypsométriques pour le calcul des hauteurs,** précédées d'une instruction; par *Radau.* (Nouveau tirage.) . . . . 1 fr. 25 c.
†34° **Les passages de Vénus sur le disque solaire,** avec figures; par *Edm. Dubois* . . . . 3 fr. 50 c.
†35° **Manuel élémentaire de Photographie au collodion humide,** avec figures; par *Dumoulin* . . . . 1 fr. 50 c.
†36° **Problèmes plaisants et délectables qui se font par les nombres;** par *Bachet,* sieur de *Méziriac.* 4° édition, revue par *Labosne.* Un joli volume petit in-8, elzévir, titre en deux couleurs . . . . 6 fr. »
*37° **La Chaleur,** considérée comme un mode de mouvement; par *Tyndall,* 2° édit. française, avec nombreuses fig.; 1881. (2° tirage.) . . . . 8 fr. »

*38° **L'Astronomie pratique et les Observatoires en Europe et en Amérique,** depuis le milieu du XVIIe siècle jusqu'à nos jours; par *André, Rayet* et *Angot.* In-18 jésus, avec belles figures dans le texte et planche en couleur.

       Ire PARTIE : *Angleterre* .... 4 fr. 50 c.
       IIe PARTIE : *Écosse, Irlande et Colonies anglaises.* .... 4 fr. 50 c.
       IIIe PARTIE : *Amérique du Nord.* .... 4 fr. 50 c.
       IVe PARTIE : *Amérique du Sud* .... 3 fr.
       Ve PARTIE : *Italie* .... 4 fr. 50 c.

39° **Méthodes chimiques pour la recherche des falsifications,** l'essai, l'analyse des matières fertilisantes; par *Ferd. Jean.*   (*Épuisé.*)

†40° **Premières leçons de Photographie,** avec figures; par *Perrot de Chaumeux* ....   1 fr. 50 c.

†41° **Les Mines dans la guerre de campagne,** exposé de divers procédés d'inflammation des mines et des pétards de rupture; emploi des préparations pyrotechniques, avec figures dans le texte; par le capitaine *Picardat* ....   2 fr. 50 c.

†42° **Essai sur une manière de représenter les quantités imaginaires dans les constructions géométriques,** par R. ARGAND. 2e édition, précédée d'une préface; par M. *J. Hoüel.*   5 fr. »

†43° **Essai sur les piles,** par *A. Callaud.* 2e édition, avec 2 planches. (Ouvrage couronné par l'Académie des Sciences de Lille.).   2 fr. 50 c.

†44° **Matière et Éther;** indication d'une méthode pour établir les propriétés de l'Éther, par *Kretz,* Ingénieur en chef des Manufactures de l'État ....   1 fr. 50 c.

45° **L'Unité dynamique des forces et des phénomènes de la nature, ou l'Atome tourbillon;** par *F. Marco,* Professeur au Lycée Cavour, à Turin ....   2 fr. 50 c.

46° **Physique et Physique du Globe.** Divers Mémoires de MM. *Tyndall, Carpenter, Ramsay, Raphaël de Rossi* et *Félix Plateau.* Traduit par l'Abbé Moigno ....   2 fr. 50 c.

47° **La grande pyramide, pharaonique de nom, humanitaire de fait;** ses merveilles, ses mystères et ses enseignements; par M. *Piazzi Smyth,* Astronome royal d'Écosse. Traduit de l'anglais par l'Abbé *Moigno* ....   (*Épuisé.*)

48° **La Foi et la Science;** explosion de la Libre-Pensée en août et septembre 1874. Discours annotés de MM. *Tyndall, du Bois-Reymond, Owen, Huxley, Hooker* et *Sir John Lubbock;* par l'Abbé Moigno ....   (*Épuisé.*)

†49° **Les insuccès en Photographie;** causes et remèdes, suivis de la retouche des clichés et du gélatinage des épreuves; par *Cordier.* 3e édition ....   1 fr. 75 c.

†50° **La Photolithographie,** son origine, ses procédés, ses applications; par *G. Fortier.* Petit in-8, orné de planches, fleurons, culs-de-lampe, obtenus au moyen de la Photolithographie.   3 fr. 50 c.

†51° **Procédé au collodion sec;** par *F. Boivin.* 2e édit., augmentée du *Formulaire de Th. Sutton,* des *Tirages aux poudres inertes* (procédé au charbon), ainsi que de notions pratiques sur la photolithographie, l'électrogravure et l'impression à l'encre grasse. ....   1 fr. 50 c.

†52° **Les Pandynamomètres de torsion et de flexion,** *Théorie et application;* avec 2 grandes planches; par M. *G.-A. Hirn.*   2 fr.

†53° **Notice sur les Aréomètres employés dans l'industrie, le commerce et les sciences,** avec figures dans le texte; par *Baserga,* Constructeur d'instruments ....   1 fr. 50 c.

†54° **Manuel du Magnanier,** application des théories de M. PASTEUR à l'éducation des vers à soie; par *L. Roman.* Un beau volume avec nombreuses figures ombrées dans le texte et 6 planches en couleur. ....   4 fr. 50 c.

†55° **Les Couleurs reproduites en Photographie;** historique, théorie et pratique; par *Eug. Dumoulin.* ....   1 fr. 50 c.

†56° **Progrès récents de l'Astronomie stellaire;** par *R. Radau* .....   1 fr. 50 c.

†57° **Les Observatoires de montagne** (avec figures dans le texte); par *R. Radau.* ....   1 fr. 50 c.

†58° **Les Poussières de l'air,** avec figures dans le texte et 4 planches; par *Gaston Tissandier.* ....   2 fr. 25 c.

†59° **Traité pratique de Photographie au charbon**, complété par la description de divers *Procédés d'impressions inaltérables* (*Photochromie et tirages photomécaniques*); par *Léon Vidal.* 3ᵉ édition, avec une planche spécimen de Photochromie et 2 planches spécimens d'impressions à l'encre grasse...... 4 fr. 50 c.

†60° **Le procédé au gélatino-bromure**, suivi d'une *Note* de M. MILSOM *Sur les clichés portatifs* et de la traduction des *Notices* de R. KENNETT et Rév. H.-G. PALMER, avec figures dans le texte ; par *H. Odagir*................ 1 fr. 50 c.

61° **La Science des nombres d'après la tradition des siècles ;** Explication de la Table de Pythagore ; par l'Abbé *Marchand*..................... 3 fr.

†62° **La Lumière et les climats ;** par *R. Radau*.................. 1 fr. 75 c.

†63° **Les Radiations chimiques du Soleil ;** par *R. Radau*........ 1 fr. 50 c.

†64° **L'Actinométrie ;** par *R. Radau*..................... 2 fr.

†65° **Traité pratique complet d'impressions photographiques aux encres grasses, de phototypographie et de photogravure;** par *Moock.* 2ᵉ édition..................... 3 fr.

†66° **La Spectroscopie**, avec nombreuses gravures dans le texte; par *Cazin*..................... 2 fr. 75 c.

†67° **Formulaire pratique de la Photographie aux sels d'argent;** par *Huberson*..................... 1 fr. 50 c.

†68° **Leçons sur l'Électricité ;** traduites de l'anglais par *Francisque Michel*..................... 2 fr. 75 c.

†69° **Traité élémentaire et pratique de Photographie au charbon ;** par *Aubert*..................... 1 fr. 50 c.

†70° **La Prévision du temps ;** par *W. de Fonvielle*............... 1 fr. 50 c.

†71° **La Photographie et ses applications scientifiques;** par *R. Radau*..................... 1 fr. 75 c.

72° **L'Ozone ;** ce qu'il est, ses propriétés physiques et chimiques, son existence et son rôle dans la nature. Analyse des recherches et des travaux dont il a été l'objet; par l'*Abbé Moigno.* 3 fr. 50 c.

73° **Les Microbes organisés;** leur rôle dans la fermentation, la putréfaction et la contagion; Mémoires de MM. Tyndall et Pasteur; par l'*Abbé Moigno*..................... 3 fr. 50 c.

74° **Le R. P. Secchi;** sa Vie, son Observatoire, ses Travaux, ses Écrits; ses titres à la gloire, hommages rendus à sa mémoire, ses grands Ouvrages; par l'*Abbé Moigno.* Avec un portrait et 3 planches.................. 3 fr. 50 c.

†75° **Cartes du temps et Avertissements de tempêtes;** par *Robert H. Scott.* Traduit de l'anglais par MM. *Zurcher* et *Margollé.* Petit in-8 avec 2 planches et nombreuses figures........ 4 fr. 50 c.

†76° **La Photographie appliquée à l'Archéologie;** Reproduction des *Monuments, Œuvres d'art, Mobilier, Inscriptions, Manuscrits;* par *E. Trutat*, Conservateur du Musée d'Histoire naturelle de Toulouse, etc. Avec cinq photolithographies..................... 3 fr.

†77° **La Photographie des peintres, des voyageurs et des touristes.** *Nouveau procédé* sur papier huilé, simplifiant le bagage et facilitant toutes les opérations, avec indication de la manière de construire soi-même la plupart des instruments nécessaires; par *Arsène Pélegry*, Peintre amateur, Membre de la Société photographique de Toulouse. Avec figures dans le texte et une planche spécimen; 1879................. 1 fr. 75 c.

†78° **Comment on observe les nuages pour prévoir le temps;** par *André Poëy.* Petit in-8, avec 17 planches chromolithographiques; 1879..................... 4 fr. 50 c.

†79° **Traité pratique de Phototypie ou Impression à l'encre grasse sur couche de gélatine;** par *Léon Vidal.* In-18 jésus, avec belles figures dans le texte et spécimens; 1879............ 8 fr.

†80° **Observations météorologiques en ballon;** Résumé de vingt-cinq ascensions aérostatiques; par *Gaston Tissandier.* Avec figures; 1879 .... 1 fr. 50 c.

†81° **Précis de Microphotographie;** par *G. Huberson.* Avec figures dans le texte et une planche en photogravure........... 2 fr.

†82° **Constitution intérieure de la Terre;** par *R. Radau*.......... 1 fr. 50 c.

†83° **Le rôle des vents dans les climats chauds; la pression baro-métrique et les climats des hautes régions**; par *R. Radau.*   1 fr. 50 c.

†84° **La Photographie sur plaque sèche. Émulsion au coton-poudre avec bain d'argent**; par *Fabre.* 1880.............. 1 fr. 75 c.

†85° **La machine de Gramme**; sa théorie et ses applications, avec figures; par *Breguet.* 1880........................ 2 fr. »

†86° **Traité d'analyse chimique complète des potasses brutes et des potasses raffinées**; par *Berth.* 1880.................... 1 fr. 50 c.

†87° **La Météorologie appliquée à la prévision du temps.** Leçon faite à l'Ecole supérieure de Télégraphie, par M. *E. Mascart;* recueillie par M. *Moureaux,* météorologiste au Bureau central. Avec 16 planches en couleur; 1881.............. 2 fr. »

†88° **Traité pratique de la Retouche des clichés photographiques,** suivi d'une *Méthode* très détaillée *d'émaillage* et de *Formules et Procédés divers;* par *Piquepé.* Avec deux photoglypties; 1881. 4 fr. 50 c.

†89° **Notions élémentaires d'analyse chimique qualitative**; par *U. Swarts,* avec figures; 1881 .... 1 fr. 50 c.

DEUXIÈME SÉRIE.

La Science illustrée. — L'Enseignement de tous.

1° **L'art des projections**; par M. l'Abbé *Moigno.* Avec 103 figures dans le texte; 1872................................. 2 fr. 50 c.

2° **Photomicrographie en cent Tableaux pour projections. Texte** explicatif avec 29 figures dans le texte; par *J. Girard;* 1872... 1 fr. 50 c.

3° **Les accidents**; secours à donner en cas d'absence de l'homme de l'art; par *Sméc.* Avec 36 fig.; 1872.................... 1 fr. 25 c.

4° **L'Anatomie et l'Histologie, enseignées par les projections lumineuses;** par le D^r *Le Bon*........................... 1 fr. »

5° **Manuel de Mnémotechnie,** *Application à l'Histoire;* par l'Abbé *Moigno.* 1879................................... 3 fr. »

TZAUT (S.), et **MORFF**, Professeurs à l'École industrielle cantonale à Lausanne. — **Exercices et problèmes d'Algèbre** (*Première série*); Recueil gradué renfermant plus de 3800 exercices sur l'Algèbre élémentaire jusqu'aux équations du premier degré inclusivement. In-12; 1877.................... 3 fr.

— **Réponses** aux Exercices et problèmes de la *Première série.* In-12; 1877. 2 fr.

TZAUT (S.). — **Exercices et problèmes d'Algèbre** (*Deuxième série*); Recueil gradué renfermant plus de 6200 exercices sur l'Algèbre élémentaire, depuis les équations du premier degré exclusivement jusqu'au binôme de Newton et aux déterminants exclusivement. In-12; 1881..................... 3 fr. 50 c.

— **Réponses** aux Exercices et problèmes de la *Deuxième série.* In-12; 1881. 3 fr. 75 c.

CALCUL DIFFÉRENTIEL ET INTÉGRAL
ET ANALYSE MATHÉMATIQUE.

AOUST (l'abbé), Professeur d'Analyse à la Faculté de Marseille. — **Analyse infinitésimale des courbes tracées sur une surface quelconque.** In-8, avec figures dans le texte; 1869................................, 7 fr.

AOUST (l'abbé). — **Analyse infinitésimale des courbes planes,** contenant la résolution d'un grand nombre de problèmes choisis, à l'usage des candidats à la licence ès sciences. In-8, avec 80 figures dans le texte; 1873. 8 fr. 50 c.

AOUST (l'abbé). — **Analyse infinitésimale des courbes dans l'espace.** In-8, avec 40 figures dans le texte; 1876...................... 11 fr.

†**ARGAND** (R.). — **Essai sur une manière de représenter les quantités imaginaires dans les constructions géométriques.** 2° édition, précédée d'une préface par M. *J. Hoüel.* In-8, avec figures dans le texte; 1874........ 5 fr.

BELANGER (J.-B.). — **Résumé de Leçons de Géométrie analytique et de Calcul infinitésimal.** 2° édition. In-8, avec planches; 1859......... 6 fr.

†**BERTRAND** (J.), Membre de l'Institut, Prof. à l'École Polyt. et au Collège de France. — **Traité de Calcul différentiel et de Calcul intégral.**
     CALCUL DIFFÉRENTIEL. In-4; 1864............................. (*Rare.*)
     CALCUL INTÉGRAL (*Intégrales définies et indéfinies*); 1870.......... 30 fr.
     Le troisième vol., CALCUL INTÉGRAL (*Équations différentielles*), est sous presse.

†**BOUCHARLAT (J.-L.).** — **Éléments de Calcul différentiel et de Calcul intégral.** 8e édition, revue et annotée par M. *H. Laurent*, Répétiteur à l'École Polytechnique. In-8, avec planches; 1881 .... 8 fr.

†**BRIOT (Ch.)**, Professeur à la Faculté des Sciences. — **Théorie des fonctions abéliennes.** Un beau volume in-4°; 1879 .... 15 fr.

†**BRIOT (Ch.).** — **Essais sur la théorie mathématique de la lumière.** In-8, avec figures dans le texte; 1864 .... 4 fr.

†**BRIOT (Ch.) et BOUQUET.** — **Théorie des fonctions elliptiques,** 2e éd. In-4, 1875 .... 30 fr.

BROCH (Dr O.-J.), Professeur de Mathématiques à l'Université royale de Christiania. — **Traité élémentaire des fonctions elliptiques.** In-8; 1867. 6 fr.

†**CARNOT.** — **Réflexions sur la métaphysique du Calcul infinitésimal.** In-8, avec planche, 5e édit.; 1881 .... 4 fr.

CATALAN (E.). — **Cours d'Analyse** de l'Université de Liège. *Algèbre, Calcul différentiel, Ire Partie du Calcul intégral.* 2e édition, revue et augmentée. In-8, avec figures dans le texte; 1879 .... 12 fr.

†**CATALAN (E.).** — **Traité élémentaire des séries.** Grand in-8; 1860. 5 fr.

†**CLAUSIUS (R.).** — **De la fonction potentielle et du potentiel;** traduit de l'allemand sur la 2e édition, par *F. Folie.* In-8; 1870 .... 4 fr.

†**CHARVE,** Docteur ès Sciences. — **De la réduction des formes quadratiques ternaires positives, et de son application aux irrationnelles du troisième degré.** (Thèse.) In-4 de 20 feuilles; 1880 .... 10 fr.

DARBOUX (G.), Maître de conférences à l'École Normale supérieure. — **Sur une classe remarquable de courbes et de surfaces algébriques, et sur la théorie des imaginaires.** Grand in-8, avec figures; 1873 .... 6 fr.

†**DOSTOR (G.),** Docteur ès Sciences, Professeur à la Faculté des Sciences de l'Université catholique de Paris. — **Éléments de la théorie des déterminants, avec application à l'Algèbre, la Trigonométrie et la Géométrie analytique dans le plan et dans l'espace.** In-8 de xxxii-352 pages; 1877 .... 8 fr.

†**DUHAMEL,** Membre de l'Institut. — **Éléments de Calcul infinitésimal.** 3e édition, revue et annotée par M. *J. Bertrand,* Membre de l'Institut. 2 vol. in-8; 1874-1876 .... 15 fr.

†**DUPORT.** — **Sur un mode particulier de représentation des imaginaires** (Thèse). In-4; 1880 .... 3 fr.

FAÀ DE BRUNO (le Chevalier **Fr.**). — **Théorie des formes binaires.** Un fort volume in-8; 1876 .... 16 fr.

†**FAÀ DE BRUNO** (le Chevalier **Fr.**). — **Traité élémentaire du Calcul des erreurs, avec des Tables stéréotypées.** In-8; 1869 .... 4 fr.

†**FAÀ DE BRUNO** (le Chevalier **Fr.**). — **Théorie générale de l'élimination.** Grand in-8; 1859 .... 3 fr. 50 c.

†**FAURE (H.),** Chef d'escadron d'Artillerie. — **Théorie des indices.** In-8; 1878 .... 5 fr.

†**FRENET.** — **Recueil d'exercices sur le Calcul infinitésimal.** 3e édition (nouveau tirage). In-8, avec figures dans le texte; 1881 .... 7 fr. 50 c.

***FREYCINET** (Charles de). — **De l'Analyse infinitésimale, étude sur la métaphysique du haut calcul.** 2e édition. In-8, avec figures; 1881... 6 fr.

GAUSSIN, Ingénieur hydrographe de la Marine. — **Définition du Calcul quotientiel d'Eugène Gounelle.** In-4; 1876 .... 2 fr.

†**GERMAIN (Mlle Sophie).** — **Mémoire sur l'emploi de l'épaisseur dans la théorie des surfaces élastiques.** In-4; 1880 (Mémoire posthume).. 3 fr.

GILBERT (Ph.), Professeur à l'Université catholique de Louvain. — **Cours d'Analyse infinitésimale.** Partie élémentaire. 2e édition. Grand in-8; 1878 .... 9 fr. 50 c.

GRAINDORGE, Répétiteur à l'École des Mines de Liège. — **Mémoire sur l'intégration des équations de la Mécanique.** In-8; Bruxelles, 1871. 4 fr.

HALPHEN, Répétiteur à l'École Polytechnique. — **Sur les invariants différentiels.** In-4; 1878 .... 3 fr.

†**HERMITE (Ch.),** Membre de l'Institut, Professeur à l'École Polytechnique et

à la Faculté des Sciences. — **Cours d'Analyse de l'École Polytechnique.** Pre-
mière Partie, contenant le *Calcul différentiel* et les *Premiers principes du
Calcul intégral.* Un fort volume in-8, avec gravures dans le texte; 1873.   14 fr.
La Seconde Partie contiendra la fin du *Calcul intégral.*

†**HOÜEL** (**J.**), Professeur de Mathématiques à la Faculté des Sciences de Bordeaux. — **Cours de Calcul infinitésimal.** Quatre beaux volumes grand in-8,
avec figures dans le texte; 1878-1879-1880-1881.

On vend séparément :

Tome I	15 fr.
Tome II	15 fr.
Tome III	10 fr.
Tome IV	10 fr.

HOÜEL (**J.**). — **Théorie élémentaire des quantités complexes.** — Grand
in-8, avec figures dans le texte :

Ire Partie : *Algèbre des quantités complexes;* 1867	(*Rare.*)
IIe Partie : *Théorie des fonctions uniformes,* 1868	(*Rare.*)
IIIe Partie : *Théorie des fonctions multiformes;* 1871	3 fr.
IVe Partie : *Théorie des quaternions;* 1874	8 fr.

La IIe Partie se trouve encore dans le Tome VI (prix : 11 fr.) des *Mémoires
de la Société des Sciences physiques et naturelles de Bordeaux.* (*Voir* le Catalogue
général.)

JORDAN (**Camille**), Ingénieur des Mines. — **Traité des substitutions et des
équations algébriques.** In-4; 1870 .... 30 fr.

†**JOUBERT** (**Le P.**), Professeur à l'École Sainte-Geneviève. — **Sur les équations qui se rencontrent dans la théorie des fonctions elliptiques.** In-4;
1876 .... 5 fr.

†**JOURNAL DE L'ÉCOLE POLYTECHNIQUE,** publié par le Conseil d'Instruction de cet Établissement. — 48 Cahiers formant 29 volumes in-4, avec
figures et planches .... 730 fr.

Le XLVIIIe Cahier (1880), qui a paru récemment, se vend .... 12 fr.
Le XLIXe Cahier paraîtra en juin 1881.

†**LACROIX** (**S.-F.**). — **Traité élémentaire de Calcul différentiel et de
Calcul intégral.** 8e édition, revue et augmentée de Notes par MM. *Hermite* et
J.-A. Serret, Membres de l'Institut. 2 vol. In-8, avec pl.; 1874 ...... 15 fr.

†**LAGRANGE.** — **Œuvres complètes de Lagrange,** publiées par les soins
de M. *J.-A. Serret*, Membre de l'Institut, sous les auspices du Ministre de
l'Instruction publique. In-4, avec un beau portrait de Lagrange, gravé sur
cuivre par M. Ach. Martinet.

La Ire Série comprend tous les *Mémoires* imprimés dans les *Recueils des
Académies de Turin, de Berlin et de Paris,* ainsi que les *Pièces diverses* publiées séparément. Cette Série forme 7 Volumes (Tomes I à VII; 1867-1877),
qui se vendent séparément .... 30 fr.

La IIe Série, qui est en cours de publication, se compose de 6 Volumes
qui renferment les Ouvrages didactiques, la Correspondance et les Mémoires
inédits, savoir :

Tome VIII : *Résolution des équations numériques.* In-4; 1879.	18 fr.
Tome IX : *Théorie des fonctions analytiques.* In-4; 1881...	18 fr.
Tome X : *Leçons sur le calcul des fonctions*	(*Sous presse.*)
Tome XI: *Mécanique analytique* (Ire Partie)	(*id.*)
Tome XII : *Mécanique analytique* (IIe Partie)	(*id.*)
Tome XIII : *Correspondance et Mémoires inédits.*	
Ire Partie : *Correspondance avec d'Alembert.* In-4; 1881.	15 fr.

LAISANT (**C.-A.**), ancien Élève de l'École Polytechnique, Docteur ès
Sciences. — **Applications mécaniques du Calcul des quaternions.** — **Sur
un nouveau mode de transformation des courbes et des surfaces (Thèses).**
In-4; 1877 .... 5 fr.

LAISANT (**C.-A.**). — **Essai sur les fonctions hyperboliques.** Grand in-8,
avec figures dans le texte; 1874 .... 3 fr. 50 c.

***LAISANT** (**C.-A.**). — **Introduction à la méthode des quaternions.** In-8,
avec figures; 1881 .... 6 fr.

*†**LAMÉ** (**G.**). — **Leçons sur les fonctions inverses des transcendantes et les
surfaces isothermes.** In-8, avec figures dans le texte; 1857 .... 5 fr.

†**LAMÉ (G.).**— **Leçons sur les coordonnées curvilignes et leurs diverses applications.** In-8, avec figures dans le texte; 1859 .... 5 fr.

†**LAMÉ (G.).** — **Leçons sur la théorie mathématique de l'élasticité des corps solides.** 2ᵉ édition. In-8, avec planches; 1866 .... 6 fr. 50 c.

†**LAPLACE.** — **Œuvres complètes de Laplace,** publiées sous les auspices de l'Académie des Sciences par MM. les *Secrétaires perpétuels*, avec le concours de M. *Puiseux*, Membre de l'Institut, et de M. *J. Houël*, Professeur à la Faculté des Sciences de Bordeaux. Nouvelle édition avec un beau portrait de Laplace, gravé sur cuivre par *Tony Goutière*. In-4 ; 1878-188 .

Les éditions précédentes, qui sont devenues très-rares, ne contenaient que 7 Volumes, savoir: *Traité de Mécanique céleste* (5 Volumes), *Exposition du système du Monde* et *Théorie analytique des probabilités*. La nouvelle édition comprendra de plus 6 Volumes renfermant tous les autres Mémoires de Laplace, dont la dissémination dans de nombreux Recueils académiques et périodiques rendait jusqu'à ce jour l'étude si difficile.

SOUSCRIPTION AUX 5 VOLUMES DE LA *Mécanique céleste*.
(Envoi franco dans toute l'Union postale.)

Le tirage est fait sur 3 papiers différents : 1° sur papier vergé semblable à celui des Œuvres de Fresnel, de Lavoisier et de Lagrange ; 2° sur papier vergé fort, au chiffre de Laplace ; 3° sur papier de Hollande, au chiffre de Laplace (à petit nombre).

Le prix pour les 300 *premiers souscripteurs aux 5 Volumes du* TRAITÉ DE MÉCANIQUE CÉLESTE *est fixé ainsi qu'il suit* (prix à solder en souscrivant) :
   1° Tirage sur papier vergé ; 5 vol. in 4 .... 80 fr.
   2° Tirage sur papier vergé fort, au chiffre de Laplace ; 5 vol. in-4   90 fr.
   3° Tirage sur papier de Hollande, au chiffre de Laplace (à petit nombre); 5 vol. in-4° .... 120 fr.

Le prix de chaque volume du TRAITÉ DE MÉCANIQUE CÉLESTE, *acheté séparément, est fixé ainsi qu'il suit :*
   1° Tirage sur papier vergé ; chaque Volume in-4 .... 20 fr.
   2° Tirage sur papier vergé fort, aux armes de Laplace : chaque Volume in-4 .... 22 fr. 50 c.

Les Volumes tirés sur papier de Hollande ne se vendent pas séparément.

Les Tomes I, II, III et IV (1878-1880), ont paru; le Tome V est sous presse.

†**LAURENT (H.).** — **Traité du Calcul des probabilités.** In-8; 1873. 7 fr. 50 c.

†**LEBESGUE.** — **Exercices d'Analyse numérique, relatifs à l'Analyse indéterminée et à la théorie des nombres.** In-8; 1859 .... 2 fr. 50 c.

†**LECORNU,** Ingénieur des Mines.— **Sur l'équilibre des surfaces flexibles et inextensibles.** In-4; 1880 .... 4 fr.

†**LEMONNIER,** Professeur au Lycée Henri IV.—**Mémoire sur l'élimination.** In-4; 1879 .... 6 fr.

LE PAIGE, chargé du Cours d'Analyse à l'Université de Liège. — **Mémoire sur quelques applications de la théorie des formes algébriques à la Géométrie.** In-4; 1879 .... 4 fr.

†**LIAGRE (J.-B.-J.),** Lieutenant-Général, Secrétaire perpétuel de l'Académie royale de Belgique. — **Calcul des probabilités et théorie des erreurs, avec des applications aux Sciences d'observation en général et à la Géodésie en particulier.** 2ᵉ édition, revue par le capitaine *C. Peny*, professeur à l'Ecole militaire. In-8; 1879 .... 10 fr

MANSION (Paul), Professeur à l'Université de Gand. — **Théorie des équations aux dérivées partielles du premier ordre.** In-8; 1875 .... 6 fr.

MANSION (Paul). — **Éléments de la théorie des déterminants,** *avec de nombreux exercices.* 3ᵉ édition. In-8; 1880 .... 2 fr.

MARIE (Maximilien), Répétiteur à l'École Polytechnique. — **Théorie des fonctions des variables imaginaires.** 3 vol. grand in-8; 1874-1875-1876. 20 fr.
   Chaque Volume se vend séparément .... 8 fr.

MOIGNO (l'Abbé). — Leçons de Calcul différentiel et de Calcul intégral, rédigées d'après les méthodes et les ouvrages publiés ou inédits de *A.-L. Cauchy.* Tome IV, *premier fascicule.* — **Calcul des variations,** rédigé en collaboration avec M. *Lindelof.* In-8; 1861 .... 6 fr.

†**MOUREY** (**C.-V.**). — **La vraie théorie des quantités négatives et des quantités prétendues imaginaires.** 2ᵉ édition. In-12; 1861.... 2 fr. 50 c.

PICTET (**Raoul**) et **CELLÉRIER** (**G.**).— **Méthode générale d'intégration continue d'une fonction numérique quelconque,** à propos de quelques théorèmes fournis par l'Analyse mathématique appliquée au *calcul des courbes d'un nouveau thermographe.* In-8, avec figures dans le texte et 6 planches; 1879.. 6 fr.

RADAU (**R.**). — **Étude sur les formules d'approximation qui servent à calculer la valeur numérique d'une intégrale définie.** In-4; 1881... 3 fr.

†**SACHSE** (**Arnold**). — **Essai historique sur la représentation d'une fonction arbitraire d'une seule variable par une série trigonométrique.** Grand in-8; 1880... 2 fr. 50 c.

†**SERRET** (**J.-A.**), Membre de l'Institut. — **Cours de Calcul différentiel et intégral.** 2ᵉ édition. 2 forts volumes in-8, avec figures; 1878-1880... 24 fr.

†**STURM**, Membre de l'Institut. — **Cours d'Analyse de l'École Polytechnique,** publié, d'après le vœu de l'auteur, par M. *E. Prouhet,* Répétiteur d'Analyse à l'École Polytechnique. 6ᵉ édition, suivie de la **Théorie élémentaire des fonctions elliptiques,** par M. *H. Laurent.* 2 vol. in-8, avec figures dans le texte; 1880.. 14 fr.

†**TISSERAND,** Correspondant de l'Institut, Directeur de l'Observatoire de Toulouse, ancien Maître de conférences à l'École des Hautes Etudes de Paris. — **Recueil complémentaire d'exercices sur le Calcul infinitésimal,** à l'usage des candidats à la Licence et à l'Agrégation des Sciences mathématiques. (Cet Ouvrage forme une suite naturelle à l'excellent *Recueil d'exercices* de M. FRENET.) In-8, avec figures dans le texte; 1876............. 7 fr. 50 c.

VALLÈS(**F.**), Inspecteur général honoraire des Ponts et Chaussées.—**Des formes imaginaires en Algèbre.**

　　Iʳᵉ PARTIE : *Leur interprétation en abstrait et en concret.* In-8; 1869.. 5 fr.

　　IIᵉ PARTIE : *Intervention de ces formes dans les équations des cinq premiers degrés.* Grand in-8, lithographié, avec 3 planches; 1873......... 6 fr.

　　†IIIᵉ PARTIE : *Représentation à l'aide de ces formes des directions dans l'espace.* In-8; 1876.. 5 fr.

MÉCANIQUE APPLIQUÉE ET RATIONNELLE.

BOILEAU (**P.**), Correspondant de l'Institut. — **Notions nouvelles d'Hydraulique** concernant principalement les tuyaux de conduite, les canaux et les rivières, accompagnées d'une *Théorie de l'évaluation du travail intermoléculaire des systèmes matériels.* Grand in-8; 1878................. 4 fr. 50 c.

†**BOUCHARLAT** (**J.-L.**). — **Éléments de Mécanique.** 4ᵉ édit. 1 vol. in-8, avec planches; 1861.. 8 fr.

†**BOUR** (**Edm.**), Ingénieur des Mines. — **Cours de Mécanique et Machines,** professé à l'École Polytechnique.

　　Cinématique. In-8, avec Atlas de 30 pl. in-4 gravées sur acier; 1865.. 10 fr.

　　Statique et travail des forces dans les machines à l'état de mouvement uniforme. In-8, avec Atlas de 8 planches in-4, gravées sur acier; 1868. 6 fr.

　　Dynamique et Hydraulique. In-8, avec 125 fig. dans le texte; 1874. 7 fr. 50 c.

BOUSSINESQ (**J.**), Professeur à la Faculté des Sciences de Lille. — **Essai sur la théorie des eaux courantes.** In-4; 1877..................... 20 fr.

BOUSSINESQ (**J**). — **Essai théorique sur l'équilibre des massifs pulvérulents, comparé à celui de massifs solides, et sur la poussée des terres sans cohésion.** In-4; 1876... 10 fr.

BRASSINNE. — **Précis d'un Traité de Statique,** *dans lequel les couples sont remplacés par les leviers de rotation.* Grand in-8; 1879.......... 1 fr. 50 c.

†**BRESSE,** Membre de l'Institut, Professeur de Mécanique à l'École des Ponts et Chaussées. — **Cours de Mécanique appliquée, professé à l'École des Ponts et Chaussées.** 3 vol. in-8, et Atlas in-folio de 24 pl.

Chaque Partie se vend séparément.

　　Première Partie : *Résistance des matériaux et Stabilité des constructions.* — 3ᵉ édition. In-8, avec figures dans le texte; 1880 .... 13 fr.

Deuxième Partie : *Hydraulique.* — 3ᵉ édition. In-8, avec figures dans le texte et une planche; 1879.. 10 fr.

Troisième Partie : *Calcul des moments de flexion dans une poutre à plusieurs travées solidaires.* — In-8, avec planche et Atlas in-folio de 24 planches sur cuivre; 1865.. 16 fr.

BROWN (**Henry-T.**), Éditeur de l'*American Artisan.* — **Cinq cent et sept mouvements mécaniques,** renfermant tous ceux qui sont les plus importants dans la Dynamique, l'Hydraulique, la Pneumatique, les machines à vapeur, les moulins et autres machines, les presses, l'horlogerie et les machines diverses, et *contenant beaucoup de mouvements inédits et plusieurs qui sont seulement depuis peu en usage.* Traduit de l'anglais par *Henri Stévart,* Ingénieur. Petit in-4 cartonné en percaline, avec 507 figures dans le texte; 1880........ 3 fr.

†**CALLON** (**Ch.**). — **Cours de construction de machines,** professé à l'Ecole Centrale. Album cartonné, contenant 118 planches in-folio de dessins avec cotes et légendes (*Matériel agricole, Hydraulique*); 1875............ 30 fr.

CONTAMIN, Professeur à l'École Centrale. — **Cours de Résistance appliquée.** Grand in-8, avec 236 figures dans le texte; 1878.................... 16 fr.

DARBOUX (**G.**), Maître de conférences à l'École Normale supérieure. — **Mémoire sur l'équilibre astatique** et sur l'effet que peuvent produire des forces de grandeurs et de directions constantes appliquées en des points déterminés d'un corps solide quand ce corps change de position dans l'espace. Grand in-8; 1877... 3 fr.

†**DARBOUX**. — **Étude géométrique sur les percussions et le choc des corps.** Grand in-8; 1880... 1 fr. 50 c.

DEJEAN (**Numa**), Ingénieur civil. — **Nouvelle théorie de l'écoulement des liquides.** In-8, avec figures; 1868.............................. 3 fr.

†**DENFER**, Chef des travaux graphiques à l'École Centrale.— **Album de serrurerie,** conforme au Cours de constructions civiles professé à l'École Centrale par *E. Muller,* et contenant *l'emploi du fer dans la maçonnerie et dans la charpente en bois, la charpente en fer, les ferrements des menuiseries en bois, la menuiserie en fer, les grosses fontes et articles divers de quincaillerie.* Grand in-4, contenant 100 belles planches lithographiées; 1872..................... 13 fr.

†**DULOS** (**Pascal**), Professeur de Mécanique à l'École d'Arts et Métiers et à l'École des Sciences d'Angers. — **Cours de Mécanique,** à l'usage des écoles d'Arts et Métiers et de l'enseignement spécial des Lycées. 4 volumes in-8 avec belles figures gravées sur bois dans le texte; 1875-1876-1877-1879.

On vend séparément chaque Tome :

Tome I : *Composition des forces. — Équilibre des corps solides. — Centre de gravité. — Machines simples. — Ponts suspendus. — Travail des forces. — Principe des forces vives. — Moments d'inertie. — Force centrifuge. — Pendule simple et pendule composé. — Centre de percussion. — Régulateur à force centrifuge. — Pendule balistique.*............................... 7 fr. 50 c.

Tome II : *Résistances nuisibles ou passives. — Frottement. — Application aux machines. — Roideur des cordes. — Application du théorème des forces vives à l'établissement des machines. — Théorie des volants. — Résistance des matériaux.*... 7 fr. 50 c.

Tome III : *Hydraulique. — Ecoulement des fluides. — Jaugeage des cours d'eau. — Etablissement des canaux à régime constant. — Récepteurs hydrauliques. — Travail des pompes. — Bélier hydraulique. — Vis d'Archimède. — Moulins à vent.*.. 7 fr. 50 c.

Tome IV : *Thermodynamique. — Machines à vapeur. — Principaux types de machines à vapeur. — Chaudières à vapeur. — Machines à air chaud et à gaz. — Calcul des volants. — Appareils dynamométriques.*......... 9 fr. 50 c.

†**FAVARO** (**Antonio**), Professeur à l'Université royale de Padoue. — **Leçons de Statique graphique,** traduites de l'italien par PAUL TERRIER, Ingénieur des Arts et Manufactures. 3 beaux volumes grand in-8, se vendant séparément:

Iʳᵉ Partie : *Géométrie de position;* 1879.............. 7 fr.

IIᵉ Partie : *Calcul graphique*...................... (*Sous presse.*)

IIIᵉ Partie : *Statique graphique,* théorie et applications.. (*Sous presse.*)

GILBERT (**Ph.**), Professeur à la Faculté des Sciences de l'Université catholique de Louvain. — **Cours de Mécanique analytique.** Partie élémentaire. Un volume grand in-8; 1877.................................... 9 fr. 50 c.

HABICH, Directeur de l'École des Constructions civiles et des Mines, à Lima.
— **Etudes cinématiques.** In-8, avec figures dans le texte; 1879....... 4 fr.

†**HALLAUER (O.).— Moteurs à vapeur.** — Expériences dirigées par M. *G.-A. Hirn* et exécutées en 1873 et 1875 par MM. *Dwelshauvers-Dery, W. Grosseteste* et *O. Hallauer.* Grand in-8, avec 3 planches; 1877......... 2 fr. 50 c.

†**HALLAUER (O.).—Expériences sur le rendement des moteurs à vapeur,** faites sur les machines Woolf verticales à balancier, sur les machines Woolf horizontales et sur les machines verticales Compound de la Marine française. Grand in-8, avec 4 planches; 1878........................... 3 fr.

†**HALLAUER (O.).— Étude expérimentale comparée sur les moteurs à un et à deux cylindres.** *Influence de la détente.* Grand in-8; 1879. 2 fr. 50 c.

†**HALLAUER (O.). — Analyses expérimentales comparées sur les machines fixes et les machines marines.** Grand in-8; 1880....... 2 fr. 50 c.

†**HATON DE LA GOUPILLIÈRE (J.-N.).—Traité des mécanismes,** renfermant la théorie géométrique des organes et celle des résistances passives. In-8. avec planches; 1864.................................... 10 fr.

†**HIRN (G.-A.). — Théorie analytique du planimètre Amsler.** Grand in-8, avec planche; 1875.................................... 2 fr. 50 c.

†**HIRN (G.-A.). — Étude sur une classe particulière de tourbillons,** qui se manifestent, sous de certaines conditions spéciales, *dans les liquides.* Analogie entre le mécanisme de ces tourbillons et celui des trombes. In-8, avec 3 planches; 1878.................................... 2 fr. 50 c.

†**HIRN (G.-A.). — Explication d'un paradoxe d'Hydrodynamique.** Grand in-8; 1881.................................... 1 fr.

*__KRETZ (X.),__ Ingénieur en chef des Manufactures de l'Etat. — **Mémoire sur les conditions à remplir dans l'emploi du frein dynamométrique.** In-4, avec figures; 1873.................................... 2 fr. 50 c.

KRETZ (X.). — De l'élasticité dans les machines en mouvement. In-4; 1875.................................... 2 fr.

†**KRETZ (X.). — Matière et éther,** *indication d'une méthode pour établir les propriétés de l'éther.* In-18 jésus; 1875...................... 1 fr. 50 c.

†**LAGRANGE. — Mécanique analytique.** 3ᵉ éd., revue, corrigée et annotée par M. *J. Bertrand,* de l'Institut. 2 vol. in-4; 1855............ 50 fr.

†**LAURENT (H.). — Traité de Mécanique rationnelle,** à l'usage des candidats à l'Agrégation et à la Licence. 2ᵉ édit. 2 vol. in-8, avec fig.; 1878. 12 fr.

†**LEVY (Maurice),** Ingénieur des Ponts et Chaussées, Docteur ès Sciences. — **La Statique graphique** et ses *applications aux constructions.* Un beau volume grand in-8, avec un Atlas même format, comprenant 24 planches doubles; 1874.................................... 16 fr. 50 c.

†**LOYAU (Achille),** Ingénieur des Arts et Manufactures. — **Album de charpentes en bois,** renfermant différents types de *planchers, pans de bois, combles, échafaudages, ponts provisoires,* etc. Grand in-4, contenant 120 planches de dessins cotés; 1873.................................... 25 fr.

*__MAHISTRE.__ — **Cours de Mécanique appliquée.** In-8, avec 211 figures dans le texte; 1858.................................... 8 fr.

†**MASTAING (de),** Professeur à l'Ecole Centrale des Arts et Manufactures.— **Cours de Mécanique appliquée à la résistance des matériaux.** Leçons professées à l'Ecole Centrale de 1862 à 1872 par M. de Mastaing et rédigées par M. *Courtès-Lapeyrat,* Ingénieur, Répétiteur du Cours. Grand in-8, avec nombreuses figures dans le texte et planche; 1874................. 15 fr.

*__MATHIEU (Émile),__ Professeur à la Faculté des Sciences de Besançon. — **Dynamique analytique.** In-4; 1878.............................. 15 fr.

*__MOIGNO (l'Abbé).__ — **Leçons de Mécanique analytique,** rédigées principalement d'après les méthodes de *Cauchy,* et étendues aux travaux les plus récents. **Statique.** In-8, avec planches; 1868..................... 12 fr.

ORTOLAN (J.-A.), Mécanicien en chef de la Marine. — **Mémorial du mécanicien d'usine et de navigation.** Calculs d'application; Tables et Tableaux de résultats pour la construction, les essais et la conduite des machines à vapeur. In-18 de 520 pages, avec plus de 200 figures dans le texte; 1878. 4 fr. 50 c.
Cartonné.... 5 fr. 50 c.

PERRODIL (**GROS** de), Ingénieur en chef des Ponts et Chaussées. — **Résistance des matériaux**. — **Résistance des voûtes et arcs métalliques employés dans la construction des ponts**. In-8, avec 2 grandes planches; 1879.. 7 fr. 50 c.

†**PHILLIPS**, Membre de l'Institut. — **Cours d'Hydraulique et d'Hydrostatique**, professé à l'École Centrale des Arts et Manufactures. (La rédaction est de M. *Al. Gouilly*, Agrégé des Lycées, Répétiteur du Cours de M. Phillips.) Grand in-8 avec figures dans le texte; 1875..................... 15 fr.

†**PIARRON DE MONDESIR**, Ingénieur des Ponts et Chaussées. — **Dialogues sur la Mécanique**, *Méthode nouvelle* pour l'enseignement de cette science, résultats scientifiques nouveaux. In-8, avec fig. dans le texte; 1870... 6 fr.

PLATEAU (**J.**), Correspondant de l'Institut de France, Professeur à l'Université de Gand. — **Statique expérimentale et théorique des liquides soumis aux seules forces moléculaires**. 2 vol. grand in-8, d'environ 950 pages, avec figures dans le texte; 1873.. 15 fr.

†**POINSOT** (**L.**), Membre de l'Institut. — **Éléments de Statique**, précédés d'une *Notice sur Poinsot*, par M. J. BERTRAND, Membre de l'Institut. (*Ouvrage adopté pour l'Instruction publique.*) 12ᵉ édit. In-8, avec pl.; 1877 .... 6 fr.

†**POISSON** (**S.-D.**), Membre de l'Institut. — **Traité de Mécanique**. 2ᵉ édition, considérablement augmentée; 2 forts vol. in-8; 1833. (*Rare.*).. 25 fr.

*****PONCELET**, Membre de l'Institut. — **Introduction à la Mécanique industrielle, physique ou expérimentale**. 3ᵉ édition, publiée par M. *Kretz*, Ingénieur en chef des Manufactures de l'État. In-8 de 757 pages, avec 3 planches; 1870.. 12 fr.

*****PONCELET**, Membre de l'Institut. — **Cours de Mécanique appliquée aux machines**, publié par M. *Kretz*, Ingénieur en chef des Manufactures de l'État. 2 volumes in-8.

   Iʳᵉ PARTIE : *Machines en mouvement, Régulateurs et transmissions, Résistances passives*, avec 117 figures dans le texte et 2 planches; 1874....... 12 fr.

   IIᵉ PARTIE : *Mouvement des fluides, Moteurs, Ponts-levis*, avec 111 figures; 1876... 12 fr.

†**PRESLE** (de), ancien Élève de l'École Polytechnique. — **Traité de Mécanique rationnelle**. In-8, avec 95 figures dans le texte; 1869.......... 5 fr.

†**RESAL** (**H.**), Ingénieur des Mines. — **Traité de Cinématique pure**. In-8, avec figures dans le texte; 1862..................................... 6 fr.

†**RESAL** (**H.**). — **Éléments de Mécanique**, rédigés d'après les Leçons de Mécanique physique professées à la Faculté des Sciences de Paris par M. Poncelet. Nouvelle édition, revue et corrigée. In-8, avec planches; 1862... 4 fr. 50 c.

†**RESAL** (**H.**), Membre de l'Institut, Ingénieur des Mines, adjoint au Comité d'Artillerie pour les études scientifiques. — **Traité de Mécanique générale**, comprenant les *Leçons professées à l'École Polytechnique et à l'École des Mines*. 6 vol. in-8, se vendant séparément :

MÉCANIQUE RATIONNELLE.

   TOME I : *Cinématique. — Théorèmes généraux de la Mécanique. — De l'équilibre et du mouvement des corps solides.* In-8, avec 66 figures dans le texte; 1873... 9 fr. 50 c.

   TOME II : *Frottement. — Équilibre intérieur des corps. — Théorie mathématique de la poussée des terres. — Équilibre et mouvements vibratoires des corps isotropes. — Hydrostatique. — Hydrodynamique. — Hydraulique. — Thermodynamique, suivie de la théorie des armes à feu.* In-8, avec 56 figures dans le texte; 1874... 9 fr. 50 c.

MÉCANIQUE APPLIQUÉE (Moteurs et Machines).

   TOME III : *Des machines considérées au point de vue des transformations de mouvement et de la transformation du travail des forces. — Application de la Mécanique à l'Horlogerie. —* In-8, avec 213 belles figures dans le texte; 1875... 11 fr.

   TOME IV : *Moteurs animés. — De l'eau et du vent considérés comme moteurs. — Machines hydrauliques et élévatoires. — Machines à vapeur, à air chaud et à gaz.* In-8, avec 200 belles figures levées et dessinées d'après les meilleurs types; 1876... 15 fr.

CONSTRUCTIONS.

   TOME V : *Résistance des matériaux. — Constructions en bois. — Maçonneries.*

— *Fondations.* — *Murs de soutènement.* — *Réservoirs.* In-8, avec 308 belles figures dans le texte, levées et dessinées d'après les meilleurs types; 1880...   12 fr. 50

    TOME VI : *Voûtes droites et biaises, en dôme, etc.* — *Ponts en bois.* — *Planchers et combles en fer.* — *Ponts suspendus.* — *Ponts-levis.* — *Cheminées.* — *Fondations de machines industrielles.* — *Amélioration des cours d'eau.* — *Substruction des chemins de fer.* — *Navigation intérieure.* — *Ports de mer.* In-8, avec 519 figures et 5 planches chromolithographiques; 1881............   15 fr.

†**SAINT-GERMAIN** (de), Professeur de Mécanique à la Faculté des Sciences de Caen. — **Recueil d'exercices sur la Mécanique rationnelle**, à l'usage des candidats à la Licence et à l'Agrégation des Sciences mathématiques. In-8, avec figures dans le texte; 1876 ....   8 fr. 50 c.

†**STURM**, Membre de l'Institut. — **Cours de Mécanique de l'École Polytechnique**, publié, d'après le vœu de l'auteur, par M. *E. Prouhet*, Répétiteur à l'École Polytechnique. 4ᵉ édition, revue et annotée par M. *de Saint-Germain*, Professeur à la Faculté des Sciences de Caen. 2 volumes in-8, avec figures dans le texte; 1881...............................   14 fr.

UHLAND, Rédacteur en chef du *Praktischer Maschinen-Constructeur*. — **Les nouvelles machines à vapeur**, notamment celles qui ont figuré à l'Exposition universelle de 1878. Description des *Types Corliss, à soupapes, Compound*, etc. Exposé de l'origine, du développement et des principes de construction de ces systèmes. Traduit de l'allemand et annoté par C. DE LAHARPE, Ingénieur-Constructeur, et MM. BARETTA et DESNOS, Ingénieurs civils. In-4 de 400 pages environ, contenant plus de 250 figures dans le texte et 30 planches in-4, avec un Atlas de 60 planches in-folio ....   90 fr.

†**VIEILLE** (**J.**), Inspecteur général de l'Instruction publique. — **Éléments de Mécanique**, rédigés conformément au Programme du nouveau plan d'études des Lycées. 3ᵉ édition. In-8, avec figures dans le texte; 1875...   4 fr. 50 c.

THÉORIE MÉCANIQUE DE LA CHALEUR.

†**BOURGET**, Directeur des études au Collège Sainte-Barbe. — **Théorie mathématique des machines à air chaud**. In-4, avec fig.; 1871........   4 fr.

†**CARNOT** (Sadi) ancien Élève de l'École Polytechnique. — **Réflexions sur la puissance motrice du feu et sur les machines propres à développer cette puissance.** In-4, suivi d'une *Notice biographique sur Sadi Carnot*, par H. CARNOT, Sénateur, et de *Notes inédites de Sadi Carnot sur les Mathématiques, la Physique et autres sujets.* 2ᵉ édition, contenant un beau portrait de Sadi Carnot et un fac-simile; 1878..................................   6 fr.

COMBES, Membre de l'Institut. — **Exposé des principes de la théorie mécanique de la chaleur et de ses applications principales.** In-8, avec fig.; 1867...................................   6 fr.

***DUPRÉ** (**Ath.**), Doyen de la Faculté des Sciences de Rennes. — **Théorie mécanique de la chaleur** (Partie expérimentale, en commun avec M. *Paul Dupré*). In-8, avec figures dans le texte; 1869..............................   8 fr.

†**HIRN** (**G.-A.**), Correspondant de l'Institut. — **Théorie mécanique de la chaleur.** Première Partie et seconde Partie :

    PREMIÈRE PARTIE. — **Exposition analytique et expérimentale de la théorie mécanique de la chaleur.** 3ᵉ édition, entièrement refondue. 2 vol. in-8 grand raisin, avec figures dans le texte. Tome I; 1875..............   12 fr.
                                   Tome II; 1876..............   12 fr.

    SECONDE PARTIE (formant Ouvrage séparé). — **Conséquences philosophiques et métaphysiques de la Thermodynamique.** Analyse élémentaire de l'Univers. In-8 grand raisin; 1868...........................   10 fr.

†**HIRN** (**G.-A.**). — **Mémoire sur la Thermodynamique.** In-8, avec 2 planches. 1867...   5 fr.

JACQUIER, Professeur de l'Université. — **Exposition élémentaire de la théorie mécanique de la chaleur appliquée aux machines.** In-8, avec fig. dans le texte; 1867...................................   2 fr.

†**REECH**. — **Théorie générale des effets dynamiques de la chaleur.** In-4, avec planches; 1854....................................   6 fr.

***TYNDALL** (**J.**). — **La chaleur,** *mode de mouvement.* 2ᵉ édition française,

traduite de l'anglais sur la 4ᵉ édition, par M. l'*Abbé Moigno*. Un beau volume
in-18 jésus de xxxii-576 pages, avec 110 figures dans le texte; 1874... 8 fr.

†**ZEUNER**, Professeur de Mécanique à l'École polytechnique fédérale de Zurich.
— **Théorie mécanique de la chaleur**, avec ses APPLICATIONS AUX MACHINES.
2ᵉ édit., entièrement refondue, avec fig. dans le texte et nombreux tableaux.
Ouvrage traduit de l'allemand et augmenté d'un *Appendice*; par M. *M. Arnthal*,
ancien Élève de l'Ecole des Ponts et Chaussées, et M. *Ach. Cazin*, Professeur
de Physique au Lycée Bonaparte. Un fort volume in-8; 1869....... 10 fr.

ASTRONOMIE ET COSMOGRAPHIE.

ALLÉGRET, Professeur à la Faculté des Sciences de Lyon. — **Mémoire sur le
calendrier**. Grand in-8; 1879................................. 1 fr. 25 c.

†**ANDRÉ** (**Ch.**), Astronome adjoint à l'Observatoire de Paris. — **Étude de la
diffraction dans les instruments d'Optique; son influence sur les observations astronomiques**. In-4; 1876................................ 4 fr.

***ANDRÉ** et **RAYET**, Astronomes adjoints de l'Observatoire de Paris, et
ANGOT, Professeur de Physique au Lycée de Versailles. — **L'Astronomie
pratique et les Observatoires en Europe et en Amérique**, depuis le milieu
du xviiᵉ siècle jusqu'à nos jours. In-18 jésus, avec belles figures dans le texte
et planches en couleur.

　　　Iʳᵉ PARTIE : *Angleterre;* 1874........................... 4 fr. 5o c.
　　　IIᵉ PARTIE : *Écosse, Irlande et colonies anglaises;* 1874.... 4 fr. 5o c.
　　　IIIᵉ PARTIE : *Amérique du Nord;* 1877.................... 4 fr. 5o c.
　　　IVᵉ PARTIE : *Amérique du Sud*, et Météorologie américaine
　　　　1881... 3 fr.
　　　Vᵉ PARTIE : *Italie;* 1878............................ 4 fr. 5o c.
　　Chaque Partie se vend séparément.

ANNALES DE L'OBSERVATOIRE DE PARIS, publiées par *Le Ver-
rier*. **Partie théorique**, Tomes I à XV. In-4, avec planches; 1855-1880.
　　Les Tomes I à X et les Tomes XII, XIII et XV se vendent séparément. 27 fr.
　　Le Tome XI (1876) et le Tome XIV (1877) comprennent deux *Parties* qui
　　se vendent séparément................................. 20 fr.
　　Le tome XVI est *sous presse.*

ANNALES DE L'OBSERVATOIRE DE PARIS, publiées par *U.-J. Le
Verrier*. **Observations**. Tomes I à XXV, années 1800 à 1870; Tomes XXIX
à XXXIII, années 1874 à 1878. 3o volumes in-4 (en Tableaux); 1858 à 1881.
　　*Chaque Volume se vend séparément....................... 4o fr.
　　Le Tome XXVI, **Observations** de 1871, et le Tome XXXIV, **Observations**
　　de 1879, sont *sous presse.*

**ANNALES DE L'OBSERVATOIRE ASTRONOMIQUE, MAGNÉ-
TIQUE ET MÉTÉOROLOGIQUE DE TOULOUSE**. Tome I, renfer-
mant les travaux exécutés de 1873 à la fin de 1878, sous la direction de M. F.
Tisserand, ancien Directeur de l'Observatoire de Toulouse, Membre de l'In-
stitut, etc.; publié par M. *Baillaud*, Directeur de l'Observatoire, Doyen de la
Faculté des Sciences de Toulouse. In-4 avec planche; 1881........... 3o fr.

**ANNALES DU BUREAU CENTRAL MÉTÉOROLOGIQUE DE
FRANCE**, publiées par M. *Mascart*, Directeur.
　I. Étude des orages en France et Mémoires divers.
　　ANNÉE 1878. Grand in-4, avec 37 pl.; 1879.................... 15 fr.
　　ANNÉE 1879. Grand in-4, avec 2o pl.; 1880.................... 15 fr.
　II. Bulletin des Observations françaises et Revue climatologique.
　　ANNÉE 1878. Grand in-4, en Tableaux, avec 4o pl.; 1880........ 15 fr.
　　ANNÉE 1879. Grand in-4, en Tableaux, avec 41 pl.; 1881........ 15 fr.
　III. Pluies en France. Observations publiées avec la coopération du Mi-
　　nistère des Travaux publics et le concours de l'Association scientifique.
　　ANNÉE 1877. Grand in-4, avec 5 pl.; 1880.................... 15 fr.
　　ANNÉE 1878. Grand in-4, avec 5 pl.; 1880.................... 15 fr.
　　ANNÉE 1879. Grand in-4, avec 7 pl.; 1881 .... 15 fr.
　IV. Météorologie générale.
　　ANNÉE 1878. In plano, avec 6 pl.; 1879..................... 15 fr.

Année 1879. In-4, avec 38 pl.; 1880......................... 15 fr.
Année 1880. In-plano, avec 15 pl.; 1881............... (*Sous presse.*)
Voir Bureau central.

**ANNALES DU BUREAU DES LONGITUDES ET DE L'OBSERVA-
TOIRE ASTRONOMIQUE DE MONTSOURIS.** Tome I. In-4, avec
une planche sur acier donnant la vue de l'Observatoire; 1877........ 3o fr.
Le Tome II est *sous presse.*

†**ANNUAIRE pour l'an 1881**, publié par le **Bureau des Longitudes**; contenant les Notices suivantes : *Comparaison de la Lune et de la Terre au point de
vue géologique,* avec belles figures ombrées dans le texte; par M. *Faye*, Membre
de l'Institut. — *Notice sur les Observatoires français vers la fin du siècle dernier;*
par M. *Tisserand*, Membre de l'Institut. In-18 de 790 pages, avec la Carte des
courbes d'égale déclinaison magnétique en France............. 1 fr. 5o c.
*Pour recevoir l'**Annuaire** franco par la poste en France, ajouter* 35 c.

†**ANNUAIRE DE L'OBSERVATOIRE DE MONTSOURIS,** pour
l'an **1881. Météorologie, Agriculture, Hygiène.** 10e année, contenant
le résumé des travaux de l'année 1880 : *Magnétisme terrestre, Electricité atmosphérique, Hauteurs barométriques, Températures de l'air et du sol, Actinométrie,
État du ciel et des vents, Analyse chimique de l'air et des pluies, Météorologie
agricole, Climatologie appliquée à l'hygiène, Poussières organiques de l'air et des
eaux, Carte magnétique de la France, Déclinaison et inclinaison de l'aiguille ai-
mantée.* In-18 de plus de 5oo pages, avec des figures représentant les divers or-
ganismes microscopiques rencontrés dans l'air, le sol et leurs eaux.... 2 fr.

La Météorologie est envisagée, à Montsouris, spécialement au double point
de vue de l'Agriculture et de l'Hygiène.

Au point de vue de l'Agriculture, l'Annuaire contient une série de Tableaux à
l'usage des agriculteurs; le relevé des observations météorologiques anciennes
faites à Paris depuis 1735, et permettant d'apprécier les variations annuelles
du climat du nord de la France depuis cette époque; des Notices comprenant
l'examen des divers éléments climatériques qui influent sur la marche des cultures, l'époque des récoltes et leur rendement, et l'indication des instruments
simples qu'il importe d'observer pour arriver à la prévision des dates et de la
valeur de ces récoltes; l'application à des cultures spéciales; les Tableaux
résumés des observations météorologiques de 1880, comparés aux résultats économiques de l'année agricole écoulée; enfin, le résultat des études continuées
depuis plusieurs années dans le but de mesurer la somme des éléments de
fertilité que l'atmosphère et ses pluies fournissent aux cultures, et le volume
d'eau que ces dernières peuvent consommer utilement.

Au point de vue de l'Hygiène, l'Annuaire contient le résumé des résultats des
recherches poursuivies à Montsouris par la Chimie et par le microscope : sur
les produits accidentels, gazeux, minéraux ou de nature organique que l'on
rencontre habituellement dans l'air, dans le sol et dans les eaux qui décou-
lent de l'un et de l'autre; sur ceux que les agglomérations urbaines y dévelop-
pent; et, notamment, sur l'influence que les irrigations à l'eau d'égout exer-
cent sur l'atmosphère, sur le sol et les eaux, comme sur les produits de la
terre.

ARAGO (F.). — Œuvres complètes. (*Voir* COLLECTIONS DIVERSES, p. 12.)

ATLAS DES ANNALES DE L'OBSERVATOIRE DE PARIS. Ire, IIe,
IIIe, IVe, Ve, VIe, VIIe et VIIIe Livraisons, comprenant **42 Cartes écliptiques.**
Chaque livraison, composée de 6 Cartes, se vend séparément....... 12 fr.
Les Cartes des livraisons I à VI ont été construites par *Chacornac*, et celles
des Livraisons VII et VIII par MM. *Paul et Prosper Henri, Wolf, André, Bail-
laud*, Astronomes de l'Observatoire de Paris, et par MM. *Stephan, Borrelly* et
Coggia, de l'Observatoire de Marseille.

ATLAS MÉTÉOROLOGIQUE DE L'OBSERVATOIRE DE PARIS,
publié avec le concours de l'*Association Scientifique de France.* Tome VIII,
année 1876. 1 volume in-folio oblong de texte, et un Atlas même format contenant 56 cartes; 1877.................................... 20 fr.
Pour les *Atlas* des années précédentes, *voir* le CATALOGUE GÉNÉRAL.

†**BABINET** (de l'Institut). — **Études et lectures sur les Sciences d'observation et leurs applications pratiques.** 8 vol. in-12 sur papier fin; 1855-1868.
Chaque volume se vend séparément........................ 2 fr. 5o c.

BERRY (**C.**), Lieutenant de vaisseau. — **Théorie complète des occultations,** à l'usage spécial des officiers de marine et des astronomes. — Publication approuvée par le Bureau des Longitudes et autorisée par M. le Ministre de la Marine et des Colonies. In-4, avec figures; 1880...................... 6 fr.

†**BERTRAND** (**J.**), Membre de l'Institut. — **La théorie de la Lune d'Aboul-Wefâ.** In-4; 1873.............................. 1 fr. 50 c.

†**BIOT**, Membre de l'Académie des Sciences. — **Traité élémentaire d'Astronomie physique.** 3e édition, corrigée et augmentée. 5 vol. in-8, avec 94 planches; 1857.. 40 fr.

BOUCHET (**U.**), Calculateur principal du Bureau des Longitudes. — **Hémérologie** ou **Traité pratique complet des calendriers** julien, grégorien, israélite et musulman, avec les règles de l'ancien calendrier égyptien. *Ouvrage approuvé par l'Académie des Sciences.* In-8; 1868.................. 7 fr. 50 c.

BRETON (**Philippe**), Ingénieur en chef des Ponts et Chaussées. — **Études sur les orbites hyperboliques et sur l'existence probable d'une réfraction stellaire.** Grand in-8; 1880............................. 3 fr.

*****BRÜNNOW** (**F.**), Directeur de l'Observatoire de Dublin. — **Traité d'Astronomie sphérique et d'Astronomie pratique.** Edition française, publiée par *C. André* et *E. Lucas;* avec une Préface de M. *C. Wolf.* 2 vol. in-8, av. fig.

On vend séparément :

Ire Partie : *Astronomie sphérique;* 1869...................... (*Rare.*)
IIe Partie : *Astronomie pratique;* 1872...................... 10 fr.

BUREAU CENTRAL MÉTÉOROLOGIQUE DE FRANCE. — **Instructions météorologiques,** suivies de *Tables diverses pour la réduction des observations.* 2e édition. In-8, avec belles figures dans le texte; 1881.. 2 fr. 50 c.
Voir Annales du Bureau central.

†**CONNAISSANCE DES TEMPS** ou **DES MOUVEMENTS CÉLESTES,** à l'usage des **Astronomes** et des **Navigateurs,** publiée par le Bureau des Longitudes, pour l'an **1882.** Grand in-8 de plus de 800 pages avec Cartes; 1880.

Prix : broché...................... 4 fr.
cartonné .... 4 fr. 75 c.
Pour recevoir l'Ouvrage franco par la poste, ajouter 1 *fr.*

Depuis le Volume pour l'année 1879, le prix de la Connaissance des Temps a été abaissé à 4 francs, malgré les augmentations considérables introduites dans ce Recueil. — Les Mémoires qui composaient autrefois les *Additions* sont publiés dans les Annales du Bureau des Longitudes et de l'Observatoire astronomique de Montsouris (*voir* p. 27).
La *Connaissance des Temps* pour l'an 1883 est *sous presse.*

†**DELAMBRE**, Membre de l'Institut. — **Traité complet d'Astronomie théorique et pratique.** 3 vol. in-4, avec planches ; 1814............... 40 fr.
— **Histoire de l'Astronomie ancienne.** 2 vol. in-4, avec pl.; 1817. 25 fr.
— **Histoire de l'Astronomie du moyen âge.** 1 vol. in-4, pl.; 1819. 20 fr.
— **Histoire de l'Astronomie moderne.** 2 vol. in-4, avec pl.; 1821. 30 fr.
— **Histoire de l'Astronomie au XVIIIe siècle;** publiée par *M. Mathieu,* Membre de l'Institut. In-4, avec planches ; 1827.................. 20 fr.

†**D'ESTIENNE** (**Jean**). —**Comment s'est formé l'Univers.** Exégèse scientifique de l'hexaméron. Grand in-8 ; 1878...................... 2 fr. 50 c.

†**DIEN** (**Ch.**) et **FLAMMARION** (**C.**). — **Atlas céleste,** comprenant toutes les Cartes de l'ancien *Atlas* de **Ch. Dien** ; rectifié, augmenté et enrichi de 5 Cartes nouvelles relatives aux principaux objets d'études astronomiques, par **C. Flammarion**; avec une *Instruction* détaillée pour les diverses Cartes de l'Atlas. In-folio, cartonné avec luxe, de 31 planches gravées sur cuivre, dont 5 doubles. 3e édition.

Prix (¹) : { En feuilles, dans une couverture imprimée.. 40 fr.
{ Cartonné avec luxe, toile pleine........... 45 fr.

(¹) Pour recevoir franco, par poste, dans tous les pays de l'Union postale, l'Atlas *en feuilles,* soigneusement enroulé et enveloppé, ajouter...... 2 fr.
Les dimensions, 0m,50 sur 0m,35, de l'Atlas *cartonné* ne permettent pas de l'envoyer par la poste. Cet Atlas *cartonné,* dont le poids est de 2ks,9, sera envoyé; aux frais du destinataire, soit par messageries grande vitesse, soit par toute autre voie indiquée.

On vend séparément :

Fascicule contenant les 5 Cartes nouvelles...................... **15 fr.**
Ces Cartes sont assemblées dans une couverture imprimée avec l'*Instruction*
composée pour la nouvelle édition de l'Atlas. — I. Mouvements propres sécu-
laires des Étoiles (Carte double); — II. Carte générale des Etoiles multiples,
montrant leur distribution dans le Ciel (Carte double); — III. Etoiles multiples en mouvement relatif certain; — IV. Orbites d'Étoiles doubles, et groupes
d'Etoiles les plus curieux du Ciel; — V. Les plus belles nébuleuses du Ciel.

†**DUBOIS (Edm.)**, Examinateur-Hydrographe de la Marine. — **Les passages
de Vénus sur le disque solaire**, considérés au point de vue de la détermination de la distance du Soleil à la Terre; *Passage de* 1874; *Notions historiques
sur les passages de* 1761 *et* 1769. In-18 jésus, avec fig.; 1873..... 3 fr. 50 c

FAYE (H.), Membre de l'Institut et du Bureau des Longitudes. — **Cours
d'Astronomie nautique.** In-8, avec figures dans le texte; 1880....... 10 fr.

†**FLAMMARION (Camille)**, Astronome. — **Études et lectures sur l'Astronomie.** In-12; Tomes I à IX, avec Cartes; 1867-1880.
Chaque Volume se vend séparément .... 2 fr. 50 c.

†**FLAMMARION (Camille)**. — **Le dernier passage de Vénus.** *Exposé des
observations et des résultats obtenus.* In-12, avec 32 figures; 1877. (Tome VIII
des *Études et lectures sur l'Astronomie*).................:......: 2 fr. 50 c.

†**FLAMMARION (Camille)**, Astronome. — **Catalogue des étoiles doubles
et multiples en mouvement relatif certain**, comprenant *toutes les observations* faites sur chaque couple depuis sa découverte et *les résultats conclus*
de l'étude des mouvements. Grand in-8; 1878..................... 8 fr.

†**FONVIELLE (W. de)**. — **La prévision du temps.** In-18 jésus; 1878.
1 fr. 50 c.

†**FRANCOEUR (L.-B.)**. **Traité de Géodésie.** (*Voir* p. 39.)

†**FRANCOEUR (L.-B.)**. — **Uranographie, ou Traité élémentaire d'Astronomie**, à l'usage des personnes peu versées dans les Mathématiques, des géo-
graphes, des marins, des ingénieurs, accompagné de planisphères. 6e édition. In-8, avec planches et figures dans le texte; 1853............. 10 fr.

†**GAZAN**, ancien Elève de l'Ecole Polytechnique, Colonel d'Artillerie en retraite.
— **Constitution physique du Soleil; explication de la formation et de la
disparition des taches.** In-8, avec 3 pl. et fig. dans le texte; 1873. 1 fr. 75 c.

†**GINOT-DESROIS (Mlle)**. — **Description et usages du calendrier astronomique perpétuel.** In-8, avec le **CALENDRIER**; 1861........... 5 fr.

†**GINOT-DESROIS (Mlle)**. — **Planisphère mobile**, au moyen duquel on peut
apprendre l'Astronomie seul et sans le concours des Mathématiques. 7e édition.
1847, sur carton.. 4 fr.

†**HIRN (G.-A.)**. — **Mémoire sur les conditions d'équilibre et sur la nature
probable des anneaux de Saturne.** In-4, avec planche; 1872......... 4 fr.

†**HOÜEL (J.)**. — **Sur le développement de la fonction perturbatrice, suivant la forme adoptée par Hansen dans la théorie des petites planètes.**
In-8; 1875... 3 fr.

†**IMBARD**. — **De la mesure du temps, et description de la méridienne
verticale portative du temps vrai et du temps moyen pour régler les
pendules et les montres, etc.** 2e édition. In-18, avec pl.; 1857...... 1 fr.

†**LACROIX (S.-F.)**. — **Introduction à la connaissance de la sphère.** 4e édit.
In-18, avec pl.; 1872... 1 fr. 25 c.

†**LAPLACE**. — **Exposition du Système du Monde.** 6e édition, précédée de
l'Éloge de l'Auteur, par *Fourier.* In-4, avec portrait; 1835....... (*Rare.*)

†**LAPLACE**. — **Précis de l'Histoire de l'Astronomie.** 2e édit. In-8; 1863. 3 fr.

†**LAPLACE**. — **OEuvres complètes de Laplace.** (*Voir* p. 20.)

LOOMIS (Élias), Professeur de Philosophie naturelle à l'Yale Collège (Etats-
Unis). — **Mémoires de Météorologie dynamique**; Exposé des résultats de la
discussion des Cartes du Temps des Etats-Unis, ainsi que d'autres documents;
traduit de l'anglais par M. *H. Brocard*, capitaine du Génie. Grand in-8, avec
figures et 18 planches; 1880....................................... 3 fr.

†**MARTIN (Adolphe)**, Docteur ès Sciences. — **Sur une méthode d'autocol-**

limation directe des objectifs astronomiques, et *son application à la mesure des indices de réfraction des verres qui les composent;* **Remarques sur l'emploi du sphéromètre.** In-4; 1881.................................... 1 fr. 25 c.

†**MOUREAUX** (**Th.**), Météorologiste au Bureau central. — **La Météorologie appliquée à la prévision du temps,** Leçon faite à l'École supérieure de Télégraphie par M. *E. Mascart,* Directeur du Bureau central météorologique de France, recueillie par M. *Th. Moureaux.* In-18 jésus, avec 16 planches en couleur; 1881.................................... 2 fr.

***PETIT** (**F.**), Directeur de l'Observatoire de Toulouse. — **Traité d'Astronomie pour les gens du monde,** avec des *Notes complémentaires* pour les candidats au Baccalauréat et aux Écoles spéciales. 2 volumes in-18 jésus, avec 268 figures dans le texte et une Carte céleste; 1866.................. 7 fr.

†**POËY** (**André**), Fondateur de l'Observatoire physique et météorologique de la Havane. — **Comment on observe les nuages pour prévoir le temps.** 3ᵉ édition, revue et augmentée. Petit in-8 contenant 17 planches chromolithographiques; 1879.................................... 4 fr. 50 c.

PONTÉCOULANT (**G. de**), ancien Élève de l'Ecole Polytechnique, Colonel au corps d'Etat-Major. — **Théorie analytique du Système du Monde.** 2ᵉ éd., considérablement augmentée. 4 volumes in-8 et supplément......... (*Rare.*)
On vend séparément les Tomes I et II, qui forment un **Traité complet d'Astronomie théorique.....** .... 18 fr.

†**PUISEUX** (**V.**), Membre de l'Institut. — **Mémoire sur l'accélération séculaire du mouvement de la Lune.** In-4; 1873........................ 5 fr.

†**RESAL** (**H.**), Ingénieur des Mines, Docteur ès Sciences. — **Traité élémentaire de Mécanique céleste.** In-8, avec planche; 1865.................... 8 fr.

†**SCOTT** (**Robert**), Secrétaire du Bureau météorologique de Londres. — **Cartes du temps et avertissements de tempêtes.** Petit in-8, avec 2 planches en couleur et 52 figures dans le texte. Traduit de l'anglais par MM. *Zurcher* et *Margollé;* 1879.................................... 4 fr. 50 c.

†**SECCHI** (le **P. A.**) — **Le Soleil.** *Voir* p. 33.

SECRETAN. — **Calendrier météorologique pour 1881.** In-4, avec Tableaux et figures dans le texte; 1881. (2ᵉ année.)........................ 2 fr.

†**VIDAL** (l'abbé). — **L'art de tracer les cadrans solaires par le calcul, et le mètre à la main,** mis à la portée des ouvriers et de ceux qui ne savent faire que l'addition et la soustraction. In-8, avec 2 planches; 1875..... 2 fr. 50 c.

†**VILLARCEAU** (**Yvon**), Membre de l'Institut, et **AVED DE MAGNAC,** Lieutenant de vaisseau. — **Nouvelle navigation astronomique.** (L'heure du premier méridien est déterminée par l'emploi seul des chronomètres.) **Théorie et Pratique.** Un beau volume in-4, avec planche; 1877................ 20 fr.
On vend séparément :
Théorie, par M. *Yvon Villarceau*.................................... 10 fr.
Pratique, par M. *Aved de Magnac*.................................... 12 fr.

PHYSIQUE. — TÉLÉGRAPHIE.

BERNARD (**A.**), Agrégé de l'Université, Professeur de Physique et de Chimie à Cognac. — **Alcoométrie.** Grand in-8, avec 6 planches; 1875....... 5 fr.

BERTHELOT, Membre de l'Institut, **COULIER,** Pharmacien principal de l'armée, et **D'ALMEIDA,** Professeur de Physique au Lycée Henri IV. — **Vérification de l'aréomètre de Baumé.** In-8; 1873.................... 2 fr.

†**BILLET,** Professeur de Physique à la Faculté des Sciences de Dijon. — **Traité d'Optique physique.** 2 forts volumes in-8, avec 14 planches renfermant 337 figures; 1858-1859.................................... 15 fr.

†**BOUTY,** Professeur de Physique au Lycée Saint-Louis. — **Théorie des phénomènes électriques** (*Théorie du potentiel*). In-8, avec figures dans le texte et une planche; 1878. .... 2 fr. 50 c.

BUREAU INTERNATIONAL DES POIDS ET MESURES. — Procès-verbaux des séances.
Années 1875-1876. In-8; 1876 .... 2 fr

Année 1877. In-8; 1877 .... 5 fr.
Année 1878. In-8; 1879 .... 5 fr.
Année 1879. In-8; 1880 .... 5 fr.
Année 1880. In-8; 1881 .... 5 fr.
— **Travaux et Mémoires** du Bureau international des Poids et Mesures, publiés par le *Directeur* du Bureau. Tome I. Grand in-4, avec figures dans le texte et 2 pl.; 1881 .... 30 fr.

†**CAZIN** (**A.**). — **La Spectroscopie**. In-18 jésus, avec nombreuses figures dans le texte; 1878 .... 2 fr. 75 c.

†**CAZIN**, Docteur ès Sciences, ancien Professeur au Lycée Fontanes, et **ANGOT**, Agrégé de l'Université, Docteur ès Sciences. — **Traité théorique et pratique des piles électriques**. *Mesure des constantes des piles. Unités électriques. Description et usage des différentes espèces de piles.* In-8, avec 105 belles figures dans le texte; 1881 .... 7 fr. 50 c.

†**CHEVALLIER et MÜNTZ**. — **Problèmes de Physique**, avec leurs solutions développées, à l'usage des candidats au Baccalauréat ès Sciences et aux Écoles du Gouvernement. In-8, lithographié; 1872 .... 2 fr. 75 c.

†**CORNU** (**A.**), Membre de l'Institut, Professeur à l'Ecole Polytechnique. — **Sur le spectre normal du Soleil, partie ultra-violette**. In-4, avec 2 pl.; 1881. 5 fr.

CROVA, Professeur à la Faculté des Sciences de Montpellier. — **Mesure de l'intensité calorifique des radiations solaires et de leur absorption par l'atmosphère terrestre**. In-4, avec 3 planches; 1876 .... 4 fr.

†**DECHARME**. — **Formes vibratoires des bulles de liquide glycérique**. In-8, avec figures dans le texte; 1880 .... 1 fr. 50 c.

DES CLOIZEAUX, Membre de l'Institut. — **Mémoire sur le microcline**, suivi de remarques sur l'examen microscopique de l'orthose et des divers feldspaths tricliniques. In-8, avec 12 figures photoglyptiques; 1876 ...... 5 fr.

†**DU MONCEL** (**Th.**), Ingénieur électricien de l'Administration des Lignes télégraphiques. — **Exposé des applications de l'Electricité**. *Technologi-électrique.* 3ᵉ édition, entièrement refondue. 5 volumes grand in-8 cartonnés .... 72 fr.

On vend séparément :

Tome V, 672 pages, 3 planches et 169 figures ; 1878, cartonné ...... 16 fr.
Broché .... 14 fr.

DU MONCEL (**Th.**), Ingénieur électricien de l'Administration des Lignes télégraphiques. — **Traité théorique et pratique de Télégraphie électrique**, à l'usage des employés télégraphistes, des ingénieurs, des constructeurs et des inventeurs. Vol. in-8 de 642 pages, avec 156 figures dans le texte et 3 planches. Imprimé sur carré fin satiné; 1864 .... 10 fr.

FOUCAULT (**Léon**), Membre de l'Institut. — **Recueil des travaux scientifiques de Léon Foucault**, publié par Mᵐᵉ Vᵉ Foucault, sa mère, mis en ordre par M. Gariel, Ingénieur des Ponts et Chaussées, Professeur agrégé de Physique à la Faculté de Médecine de Paris, et précédé d'une Notice sur les Œuvres de L. Foucault, par M. J. Bertrand, Secrétaire perpétuel de l'Académie des Sciences. Un beau volume in-4, avec un Atlas de même format contenant 19 planches gravées sur cuivre; 1878 .... 30 fr.

†**HIRN** (**G.-A.**). — **La Musique et l'Acoustique**. *Aperçu général sur leur rapport et sur leurs dissemblances.* (Extrait de la *Revue d'Alsace.*) Grand in-8 ; 1878 .... 2 fr. 50 c.

†**INSTRUCTION SUR LES PARATONNERRES**, adoptée par l'Académie des Sciences. In-18 jésus, avec 58 figures dans le texte et 1 planche; 1874 .... 2 fr. 50 c.

†**JAMIN** (**J.**), Membre de l'Institut, Professeur à l'Ecole Polytechnique, et **BOUTY**, Professeur au Lycée Saint-Louis. — **Cours de Physique de l'École Polytechnique**. 3ᵉ édition, augmentée et entièrement refondue. 4 forts vol. in-8, avec 1200 figures environ dans le texte et 12 planches sur acier, dont 2 en couleur; 1878-1880-1881. (*Autorisé par décision ministérielle.*)

On vend séparément :

Tome I.

1ᵉʳ FASCICULE. — *Instruments de mesure, Hydrostatique* (Cours de Mathématiques spéciales); avec 148 figures dans le texte et 1 planche; 1880, ... 5 fr

2° FASCICULE. — *Actions moléculaires*........................ (*Sous presse.*)
3° FASCICULE. — *Electricité statique*........................ (*Sous presse.*)

TOME II. — CHALEUR.

1er FASCICULE. — *Thermométrie, Dilatations* (Cours de Mathématiques spéciales); avec 84 figures dans le texte; 1878........................ 5 fr.
2° FASCICULE. — *Calorimétrie, Théorie mécanique de la chaleur, Conductibilité;* avec 89 figures dans le texte et 2 planches; 1878........................ 7 fr.

TOME III. — ACOUSTIQUE ; OPTIQUE.

1er FASCICULE. — *Acoustique;* avec 122 figures dans le texte; 1879........ 4 fr.
2° FASCICULE. — *Optique géométrique* (Cours de Mathématiques spéciales) ; avec 139 figures dans le texte et 3 planches; 1879........................ 4 fr.
3° FASCICULE. — *Etude des radiations lumineuses, chimiques et calorifiques ; Optique physique;* avec 226 figures dans le texte et 5 planches, dont 2 planches de spectres en couleur; 1881........................ 12 fr.

TOME IV. — ELECTRICITÉ DYNAMIQUE ; MAGNÉTISME.

1er FASCICULE. — *Electricité dynamique*........................ (*Sous presse.*)
2° FASCICULE. — *Magnétisme*........................ (*Sous presse.*)

Le 1er fascicule du Tome I, le 1er fascicule du Tome II et le 2e fascicule du Tome III comprennent les MATIÈRES EXIGÉES POUR L'ADMISSION A L'ÉCOLE POLYTECHNIQUE. Les Elèves de Mathématiques spéciales qui posséderont ces trois fascicules auront ainsi entre les mains le commencement d'un grand Traité qu'ils pourront compléter ultérieurement, si, poursuivant l'étude de la Physique, ils se préparent à la Licence ou entrent dans une des grandes Ecoles du Gouvernement.

†**JAMIN** (**J.**). — **Appendice au Cours de Physique de l'École Polytechnique :** *Thermométrie, Dilatations, Optique géométrique, Problèmes et Solutions;* rédigé conformément au nouveau programme d'admission à l'École Polytechnique In-8 de VIII-214 pages, avec 132 belles figures dans le texte; 1875. 3 fr. 50 c.

†**JAMIN** (**J.**). — **Petit Traité de Physique,** à l'usage des Établissements d'instruction, des aspirants aux Baccalauréats et des candidats aux Ecoles du Gouvernement. In-8, avec 686 fig. dans le texte et un spectre; 1870........ 8 fr.

Ce Livre élémentaire est conçu dans un esprit nouveau. Dès les premiers mots, l'Auteur démontre que la chaleur est un mouvement moléculaire, et cette idée guide ensuite le lecteur dans toutes les expériences, et les explique. La Terre et les aimants n'étant que des solénoïdes, on fait dépendre le magnétisme de l'électricité. L'Acoustique montre dans leurs détails les vibrations longitudinales, transversales, circulaires et elliptiques, elle prépare à l'Optique. Cette dernière Partie enfin est l'étude des vibrations de toute sorte qui se produisent dans l'éther; les interférences et la polarisation sont expliquées de la manière la plus élémentaire, et la Théorie vibratoire est rendue accessible à tous. L'Auteur espère que les modifications qu'il propose dans l'enseignement de la Physique seront approuvées par ses collègues, et qu'elles seront profitables aux élèves en les délivrant de ce que les savants ont abandonné, en élevant leur esprit jusqu'à de plus hautes conceptions, en leur montrant l'ensemble philosophique d'une science déjà très-avancée, et qui semble toucher à son terme.

†**JOUBERT** (**J.**), Professeur de Physique au Collège Rollin. — **Étude sur les machines magnéto-électriques.** In-4; 1881........................ 2 fr. 50 c.

†**LAMÉ** (**G.**), Membre de l'Institut. — **Leçons sur la théorie analytique de la Chaleur.** In-8, avec figures dans le texte ; 1861........................ 6 fr. 50 c.

***LECOQ DE BOISBAUDRAN.** — **Spectres lumineux;** *spectres prismatiques et en longueurs d'onde,* destinés aux recherches de Chimie minérale. Un volume de texte grand in-8 et un Atlas, même format, de 29 belles planches gravées sur acier, contenant 56 spectres; 1874........................ 20 fr.

***MATHIEU** (**Émile**), Professeur à la Faculté des Sciences de Besançon. — **Cours de Physique mathématique.** In-4; 1873........................ 15 fr.

†**PIERRE** (**J.-I.**), Correspondant de l'Institut (Académie des Sciences), Professeur à la Faculté des Sciences de Caen. — **Exercices sur la Physique, ou Recueil de questions susceptibles de faire l'objet de compositions écrites soit dans les classes supérieures des Lycées, soit aux examens du Baccalauréat ès Sciences, soit aux examens d'admission aux principales Écoles, avec l'indication des solutions.** 2° édit. In-8, avec 4 planches ; 1862. 4 fr.

ROUIS, Médecin principal d'armée. — **Recherches sur la transmission du son dans l'oreille humaine.** In-4, avec figures; 1877................ 8 fr.

*SAINT-EDME, Préparateur de Physique au Conservatoire des Arts et Métiers. — **L'Électricité appliquée aux Arts mécaniques, à la Marine, au Théâtre.** In-8, avec belles figures gravées sur bois, dans le texte; 1871. 4 fr.

†SECCHI (le P. A.), Directeur de l'Observatoire du Collège Romain, Correspondant de l'Institut de France. — **Le Soleil.** 2e édition. PREMIÈRE et SECONDE PARTIE. Deux beaux volumes grand in-8 avec Atlas; 1875-1877. 30 fr.

On vend séparément :

Ire PARTIE. Un volume grand in-8 avec 150 figures dans le texte, et un Atlas comprenant 6 grandes planches gravées sur acier (I. *Spectre ordinaire du Soleil* et *Spectre d'absorption atmosphérique.* — II. *Spectre de diffraction* d'après la photographie de M. HENRY DRAPER. — III, IV, V et VI. *Spectre normal du Soleil,* d'après ANGSTRÖM, et *Spectre normal du Soleil, portion ultra-violette,* par M. A. CORNU); 1875............................. 18 fr.

IIe PARTIE. Un volume grand in-8, avec nombreuses figures dans le texte, et 13 planches, dont 12 en couleur (I à VIII. *Protubérances solaires.*—IX. *Type de tache du Soleil.* — X et XI. *Nébuleuses,* etc. — XII et XIII. *Spectres stellaires*); 1877............................. 18 fr.

†SENARMONT (de). — **Traité de Cristallographie;** traduit de l'anglais de *Miller.* In-8, avec 12 planches; 1842............................. 5 fr.

†TRUCHOT, Professeur à la Faculté des Sciences de Clermont-Ferrand. — **Les instruments de Lavoisier.** *Relation d'une visite à la Canière (Puy-de-Dôme), où se trouvent réunis les instruments ayant servi à Lavoisier.* In-8, avec belles figures dans le texte; 1879............................. 1 fr. 50.

*TYNDALL (John). — **Le Son,** traduit de l'anglais et augmenté d'un Appendice par M. l'Abbé *Moigno.* Un beau volume in-8, orné de 171 figures dans le texte; 1869............................. 7 fr.

*TYNDALL (John). — **La lumière;** *six Lectures faites en Amérique en 1872-1873;* Ouvrage traduit de l'anglais par M. l'abbé *Moigno.* In-8, avec portrait de l'Auteur et nombreuses figures dans le texte; 1875............................. 7 fr.

†TYNDALL (John). — **Leçons sur l'électricité,** professées en 1875-1876 à l'Institution royale de la Grande-Bretagne; Ouvrage traduit de l'anglais par *R. Francisque-Michel.* In-18, avec 58 figures dans le texte; 1878... 2 fr. 75 c.

VALÉRIUS (H.), Professeur à l'Université de Gand. — **Les applications de la Chaleur, avec un exposé des meilleurs systèmes de chauffage et de ventilation.** 3e édition. Grand in-8, avec 122 figures dans le texte et 14 planches; 1879............................. 18 fr.

†VILLIERS (A.). — **De l'éthérification des acides minéraux.** In-4; 1880 (Thèse)............................. 3 fr.

†VIOLLE, Professeur à la Faculté des Sciences de Lyon. — **Sur la radiation solaire.** In-8; 1879............................. 2 fr.

CHIMIE.

†BASSET, Professeur de Chimie appliquée. — **Précis de Chimie pratique, ou Éléments de Chimie vulgarisée.** In-18 jésus de 642 pages, avec figures dans le texte; 1861............................. 5 fr.

†BERTH, Préparateur de 1re classe de Chimie analytique à l'Université de Gand, Chimiste-Analyste à la Station agricole de Gand. — **Traité d'analyse chimique complète des potasses brutes et des potasses raffinées.** In-18; 1880. 1 fr. 50 c.

†BERTHELOT (M.), Professeur au Collège de France, Membre de l'Institut. — **Sur la force de la poudre et des matières explosives.** In-18 jésus; 1872. 3 fr. 50 c.

†BERTHELOT (M.). — **Leçons sur les méthodes générales de Synthèse en Chimie organique.** In-8; 1864............................. 8 fr.

†BOUSSINGAULT, Membre de l'Institut. — **Agronomie, Chimie agricole et Physiologie.** 2e édition. Tomes I, II, III, IV, V et VI. In-8, avec planches sur cuivre et figures dans le texte; 1860-1861-1864-1868-1874-1878...... 32 fr.

 Chacun des Tomes I à IV se vend séparément................... 5 fr.
 Chacun des Tomes V et VI se vend séparément................... 6 fr.

†**BOUSSINGAULT.** — **Études sur la transformation du fer en acier par la cémentation,** précédées de la description des procédés adoptés pour doser le fer, le manganèse, le carbone, le silicium, le soufre, le phosphore et de recherches sur le maximum de carburation du fer. In-8 ; 1875........ 4 fr.

BRODIE, F. R. S., Professeur de Chimie à l'Université d'Oxford. — **Le calcul des opérations chimiques,** soit une méthode pour la recherche, par le moyen de symboles, des *lois de la distribution du poids dans les transformations chimiques.* Traduit de l'anglais par le Dr A. Naquet. Grand in-8; 1879....... 7 fr. 50 c.

†**CAHOURS (Auguste),** Membre de l'Académie des Sciences. — **Traité de Chimie générale élémentaire.**

CHIMIE INORGANIQUE, *Leçons professées à l'École Centrale des Arts et Manufactures.* 4ᵉ édition. 3 volumes in-18 jésus avec figures et planches; 1878. (*Autorisé par décision ministérielle.*)..................... 15 fr.
Chaque Volume se vend séparément............................ 6 fr.
CHIMIE ORGANIQUE, *Leçons professées à l'École Polytechnique.* 3ᵉ édition. 3 volumes in-18 jésus, avec figures; 1874-1875................ 15 fr.
Chaque volume se vend séparément........................... 6 fr.

†**CALLAUD (A.).** — **Essai sur les piles.** Ouvrage couronné par la Société des Sciences, de l'Agriculture et des Arts de Lille. 2ᵉ édition in-18 jésus, avec 2 planches; 1875.. 2 fr. 50 c.

DUBRUNFAUT, Membre des Sociétés d'Agriculture de Paris, Munich, Bruxelles, etc. — **L'osmose et ses applications industrielles,** ou Méthodes d'analyse nouvelle appliquée à l'*épuration des sucres et des sirops.* In-8, avec une planche; 1873.. 20 fr.

DUBRUNFAUT. — **Le Sucre** dans ses rapports avec la Science, l'Agriculture, l'Industrie, le Commerce, l'Économie publique et administrative, ou *Études faites depuis* 1866 *sur la question des sucres.* 2 volumes in-8..... 20 fr.

On vend séparément :

Tome I; 1873... 10 fr.
Tome II ; 1878... 10 fr.

DUBRUNFAUT. — **Sucrage des vendanges** avec les sucres purs de cannes ou de betteraves, ou *Méthode rationnelle de régulariser la qualité des vins et d'en accroître au besoin la quantité.* In-8; 1880..................... 2 fr.

†**DUMAS,** Secrétaire perpétuel de l'Académie des Sciences. — **Leçons sur la Philosophie chimique** professées au Collège de France en 1836, recueillies par M. *Bineau.* 2ᵉ édition. In-8 ; 1878...................... Bineau..... 7 fr.

DUMAS. — **Études sur le Phylloxera et sur les sulfocarbonates.** In-8; 1876... 3 fr.

†**DUPLAIS** (aîné). — **Traité de la fabrication des liqueurs et de la distillation des alcools.** 4ᵉ édition, revue et augmentée par *Duplais jeune.* 2 volumes in-8, avec 14 planches; 1877.. 16 fr.

FAVRE (P.-A.). — **Mémoire sur la transformation et l'équivalence des forces chimiques.** In-4 ; 1875.................................... 8 fr.

*****GAUDIN (M.-A.),** Calculateur du Bureau des Longitudes, Lauréat de l'Académie des Sciences. — **L'Architecture du Monde des Atomes,** dévoilant la construction des composés chimiques et leur cristallogénie (*Actualités scientifiques*). In-18 jésus, avec 100 figures dans le texte; 1873........ 5 fr.

†**GRANDEAU (L.),** Docteur ès Sciences, et **TROOST (L.),** Professeur de Physique et de Chimie au Lycée Bonaparte. — **Traité pratique d'Analyse chimique,** par **F. VOEHLER,** Associé étranger de l'Institut de France. — **Édition française.** In-18 jésus, avec 76 figures et une planche ; 1866.
4 fr. 50 c.

PASTEUR (L.). — **Études sur le vinaigre;** *sa fabrication, ses maladies, moyens de les prévenir.* Nouvelles observations sur la Conservation des vins par la chaleur. Grand in-8, avec figures ; 1868..................... 4 fr.

PASTEUR (L.). — **Études sur la bière;** *ses maladies, causes qui les provoquent, procédé pour la rendre inaltérable,* avec une Théorie nouvelle de la fermentation. Grand in-8, avec 85 figures dans le texte et 12 planches gravées; 1876... 20 fr.

Pour recevoir franco, dans tous les pays faisant partie de l'Union postale, l'Ouvrage soigneusement emballé entre cartons, ajouter 1 fr.

PASTEUR (L.). — **Examen critique d'un écrit posthume de Claude Bernard sur la fermentation.** In-8; 1879............................. 5 fr.

PICTET (Raoul). — **Synthèse de la chaleur,** suivie de considérations sur la *Possibilité expérimentale de la dissociation de quelques métalloïdes.* In-8, avec une planche; 1879............................. 3 fr.

SAINTE-CLAIRE DEVILLE (H.). — **De l'aluminium. Ses propriétés, sa fabrication et ses applications.** In-8, avec planches; 1859.. 3 fr. 50 c.

†**SALVÉTAT (A.),** Chef des travaux chimiques à la Manufacture de Sèvres. — **Leçons de Céramique** professées à l'Ecole centrale des Arts et Manufactures, ou **Technologie céramique,** comprenant les **Notions de Chimie, de Technologie et de Pyrotechnie applicables à la fabrication, à la synthèse, à l'analyse, à la décoration des poteries.** 2 vol. in-18, avec 479 figures dans le texte; 1857............................. 12 fr.

†**SALVÉTAT (A.).** — **Album du Cours de Technologie chimique** professé à l'Ecole Centrale. Portefeuille in-4 cartonné, contenant 70 planches doubles; 1874............................. 25 fr.

    Ire Partie, 24 planches : Céramique. — IIe Partie, 26 planches : Couleurs, Blanchiment, Teinture et Impressions. — IIIe Partie, 20 planches : Métallurgie (Métaux autres que le fer).

    Les planches de la première Partie de cet Album se rapportent à l'Ouvrage de M. Salvétat, Leçons de Céramique, annoncé ci-dessus.

VALÉRIUS (B.), Docteur ès sciences. — **Traité théorique et pratique de la fabrication du fer et de l'acier,** accompagné d'un *Exposé des améliorations dont elle est susceptible,* principalement en Belgique. — 2e édition originale française, publiée d'après le manuscrit de l'Auteur, et augmentée de plusieurs articles par H. Valérius, Professeur à l'Université de Gand. Un volume grand in-8 de 880 pages, texte compacte, avec un Atlas in-folio de 45 planches (dont deux doubles) gravées; 1875..................... 75 fr.

†**VIDAL (Léon).** — **Traité pratique de Photographie au charbon,** complété par la description de divers *Procédés d'impressions inaltérables (Photochromie et tirages photomécaniques).* 3e édition. In-18 jésus, avec une planche spécimen de Photochromie et 2 planches spécimens d'impression à l'encre grasse; 1877.
                                                   4 fr. 50 c.

†**VIDAL (Léon).** — **Traité pratique de Phototypie,** ou *Impression à l'encre grasse sur couche de gélatine.* In-18 jésus, avec belles figures sur bois dans le texte et spécimens; 1879............................. 8 fr.

*****VINCENT (C.),** Ingénieur, Répétiteur de Chimie industrielle à l'École Centrale. — **Carbonisation des bois en vases clos et utilisation des produits dérivés.** Grand in-8, avec belles fig. gravées sur bois; 1873........... 5 fr.

PHOTOGRAPHIE.

†**ABNEY (le capitaine),** Professeur de Chimie et de Photographie à l'Ecole militaire de Chatham. — *Cours de Photographie.* Traduit de l'anglais par Léonce Rommelaer. 3e édition. Grand in-8, avec une planche photoglyptique; 1877............................. 5 fr.

†**ANNUAIRE PHOTOGRAPHIQUE,** par *A. Davanne.* 2 vol. in-18, années 1867 et 1868.
           On vend séparément chaque volume :
        Broché..................... 1 fr. 75.
        Cartonné..................... 2 fr. 25.

†**AUBERT.** — **Traité élémentaire et pratique de Photographie au charbon.** In-18 jésus; 1878............................. 1 fr. 50 c.

*****BARRESWIL et DAVANNE.** — **Chimie photographique,** contenant les éléments de Chimie expliqués par des exemples empruntés à la Photographie, les procédés de Photographie sur glace (collodion humide, sec ou albuminé), sur papiers, sur plaques; la manière de préparer soi-même, d'essayer, d'employer tous les réactifs, d'utiliser les résidus, etc. 4e édition, revue, augmentée, et ornée de figures dans le texte. In-8; 1864................. 8 fr. 50 c.

†**BLANQUART-EVRARD.** — **Intervention de l'Art dans la Photographie.** In-12, avec une photographie.................................... 1 fr. 50 c.

†**BOIVIN.** — **Procédé au collodion sec.** 2e édition augmentée du *Formulaire de Th. Sutton,* des procédés de *tirage aux poudres colorantes inertes* (procédé au charbon), ainsi que de notions pratiques sur la photolithographie, l'électrogravure et l'impression à l'encre grasse. In-18 jésus; 1876.... 1 fr. 50 c.

†**CHARDON** (Alfred). — **Photographie par émulsion sèche au bromure d'argent pur** (Ouvrage couronné par le Ministre de l'Instruction publique et par la Société française de Photographie). Gr. in-8, avec fig.; 1877. 4 fr. 50 c.

†**CHARDON** (Alfred). — **Photographie par émulsion sensible, au bromure d'argent et à la gélatine.** Grand in-8, avec figures; 1880....... 3 fr. 50 c.

†**CLÉMENT** (R.). — **Méthode pratique pour déterminer exactement le temps de pose en Photographie,** applicable à tous les procédés et à tous les objectifs, indispensable pour l'usage des nouveaux procédés rapides. In-18; 1880... 1 fr. 50 c.

†**CORDIER** (V.). — **Les insuccès en Photographie; Causes et remèdes,** suivis de la *Retouche des clichés* et du *Gélatinage des épreuves.* 3e édition refondue et augmentée; nouveau tirage. In-18 jésus; 1880......... 1 fr. 75 c.

†**DAVANNE.** — **Les Progrès de la Photographie.** Résumé comprenant les perfectionnements apportés aux divers procédés photographiques pour les épreuves négatives et les épreuves positives, les nouveaux modes de tirage des épreuves positives par les impressions aux poudres colorées et par les impressions aux encres grasses. In-8; 1877......................... 6 fr. 50 c.

†**DAVANNE.** — **La Photographie, ses origines et ses applications.** Grand in-8, avec figures; 1879... 1 fr. 25 c.

†**DAVANNE.** — **La Photographie appliquée aux sciences.** Grand in-8; 1881.. 1 fr. 25 c.

†**DUCOS DU HAURON** (A. et L.). — **Traité pratique de la Photographie des couleurs** (*Héliochromie*). Description détaillée des moyens d'exécution récemment découverts. In-8; 1878.................................... 3 fr.

†**DUMOULIN.** — **Manuel élémentaire de Photographie au collodion humide.** In-18 jésus, avec figures dans le texte; 1874.................. 1 fr. 50 c.

†**DUMOULIN.** — **Les Couleurs reproduites en Photographie;** Historique, théorie et pratique. In-18 jésus; 1876......................... · 1 fr. 50 c.

†**FABRE** (C.). — **Aide-Mémoire de Photographie,** publié sous les auspices de la Société photographique de Toulouse, années 1876 à 1881. 6 vol. in-18, avec figures et spécimens.

    Prix : Broché... 1 fr. 75 c.

          Cartonné... 2 fr. 25 c.

    Les volumes des années 1879 et 1880 ne se vendent qu'avec la collection des 6 volumes.

    L'*Annuaire pour* 1881 vient de paraître.

†**FABRE** (C). — **La Photographie sur plaque sèche.** — *Emulsion au coton-poudre avec bain d'argent.* In-18 jésus; 1880.................. 1 fr. 75 c.

†**FORTIER** (G.). — **La Photolithographie,** *son origine, ses procédés, ses applications.* Petit in-8 orné de planches, fleurons, culs-de-lampe, etc., obtenus au moyen de la Photolithographie; 1876..................... 3 fr. 50 c.

†**GODARD** (Émile), Photographe. — **Encyclopédie des virages ou réunion,** expérimentation et description des meilleurs procédés; contenant tous les renseignements nécessaires pour obtenir photographiquement des épreuves positives sur papier avec une grande variété et une grande richesse de tons. 2e édition, revue et augmentée, contenant la *préparation des sels d'or et d'argent.* In-8; 1871... 2 fr.

†**HANNOT** (le capitaine), Chef du service de la Photographie à l'Institut cartographique militaire de Belgique. — **Exposé complet du procédé photographique** à l'émulsion de M. WARNERCKE, lauréat du Concours international pour le meilleur procédé au collodion sec rapide, institué par l'Association belge de Photographie en 1876. In-18 jésus; 1879............. 1 fr. 50 c.

†**HANNOT** (le capitaine). — **Les Éléments de la Photographie.** I. Aperçu

historique et exposition des opérations de la Photographie. — II. Propriété des sels d'argent. — III. Optique photographique. In-8............. 1 fr. 5o c.

†**HUBERSON.** — **Formulaire pratique de la Photographie aux sels d'argent.** In-18 jésus ; 1878.................................... 1 fr. 5o c.

†**HUBERSON.** — **Précis de Microphotographie.** In-18 jésus, avec figures dans le texte et une planche en photogravure ; 1879................. 2 fr.

KLARY. — **Retouche photographique,** par *un Spécialiste.* Grand in-8 de 48 pages, orné de deux belles études de retouche d'après un cliché de M. *Fritz Luckhardt,* de Vienne, 1875... 5 fr.

†**LA BLANCHÈRE (H. de).** — **Monographie du stéréoscope et des épreuves stéréoscopiques.** In-8, avec figures...................... 5 fr.

†**LALLEMAND.** — **Nouveaux procédés d'impression autographique et de photolithographie.** In-12.. 1 fr.

LIESEGANG. — **Notes photographiques.** Collodion humide, émulsion au collodion, à la gélatine, papier albuminé, procédé au charbon, agrandissements, photomicrographie, ferrotypie, construction des galeries vitrées. Petit in-8, avec gravures dans le texte et une phototypie. 2e édition, revue et augmentée ; 1880.. 5 fr.

MONCKHOVEN (Van). — **Traité général de Photographie,** suivi d'un Chapitre spécial sur le *gélatino-bromure d'argent.* 7e édition. Grand in-8, avec planches et figures dans le texte ; 1880........................... 16 fr.

MONCKHOVEN (Van). — **Nouveau procédé de Photographie sur plaques de fer,** et Notice sur les vernis photographiques et le collodion sec. In-8. 3 fr.

†**MOOCK (L.).** — **Traité pratique complet d'impressions photographiques aux encres grasses, et de phototypographie et photogravure.** 2e édition, beaucoup augmentée. In-18 jésus ; 1877........................... 3 fr.

†**ODAGIR (H.).** — **Le Procédé au gélatino-bromure,** suivi d'une Note de M. MILSOM sur les clichés portatifs et de la traduction des Notices de M. Kennett et Rév. G. PALMER. In-18 jésus, avec figures ; 1877. 1 fr. 5o c.

†**PÉLEGRY,** Peintre amateur, Membre de la Société photographique de Toulouse. — **La Photographie des peintres, des voyageurs et des touristes.** *Nouveau procédé sur papier huilé,* simplifiant le bagage et facilitant toutes les opérations, avec indication de la manière de construire soi-même la plupart des instruments nécessaires. In-18 jésus, avec deux spécimens ; 1879...... 1 fr. 75 c.

†**PERROT DE CHAUMEUX (L.).** — **Premières Leçons de Photographie.** 2e édit., revue et augmentée. 2e tirage. In-18 jésus, avec fig. dans le texte ; 1878.. 1 fr. 5o c.

†**PHIPSON (le Dr).** — **Le préparateur photographe,** ou *Traité de Chimie à l'usage des photographes et des fabricants de produits photographiques.* In-12, avec figures ; 1864..................................... 3 fr.

†**PIQUEPÉ.** — **Traité pratique de la retouche des clichés photographiques,** suivi d'une méthode très détaillée d'*émaillage* et de *formules* et *procédés divers.* In-18 jésus, avec 2 photoglypties ; 1881................... 4 fr. 5o c.

†**RADAU (R.).** — **La Lumière et les climats.** In-18 jésus ; 1877. 1 fr. 75 c.

†**RADAU (R.).** — **Les radiations chimiques du Soleil.** In-18 jésus ; 1877.. 1 fr. 5o c.

†**RADAU (R.).** — **Actinométrie.** In-18 jésus ; 1877................. 2 fr.

†**RADAU (R.).** — **La Photographie et ses applications scientifiques.** In-18 jésus ; 1878.. 1 fr. 75 c.

†**RODRIGUES (J.),** Chef de la Section photographique du Gouvernement portugais. — **Procédés photographiques et Méthodes diverses d'impression aux encres grasses,** employés à la Section photographique et artistique. Grand in-8 ; 1879... 2 fr. 5o c.

†**ROUX (V.),** Opérateur au Ministère de la Guerre. — **Manuel opératoire pour l'emploi du procédé au gélatinobromure d'argent.** Revu et annoté par M. Stéphane Geoffroy. In-18 ; 1881................. 1 fr. 75 c.

†**ROUX (V.).** — **Traité pratique de la transformation des négatifs en positifs** servant à l'héliogravure et aux agrandissements. In-18 ; 1881... 1 fr.

*RUSSELL (C.). — Le Procédé au Tannin, traduit de l'anglais par M. *Aimé Girard;* 2e édit. entièrement refondue. In-18 jésus, avec fig.; 1864. 2 fr. 50 c.

SAUVEL (Édouard), Avocat au Conseil d'État et à la Cour de cassation. — Des œuvres photographiques et de la protection à laquelle elles ont droit. In-8; 1880.. 1 fr. 50 c.

†TRUTAT (E.), Conservateur du Musée d'Histoire naturelle de Toulouse, etc. — La Photographie appliquée à l'Archéologie; Reproduction des *Monuments, Œuvres d'art, Mobilier, Inscriptions, Manuscrits.* In-18 jésus, avec cinq photoglypties; 1879.. 3 fr.

†VIDAL (Léon). — Traité pratique de Photographie au charbon, complété par la description de divers *Procédés d'impressions inaltérables (Photochromie et tirages photomécaniques).* 3e édition. In-18 jésus, avec 1 planche spécimen de Photochromie et 2 planches spécimens d'impression à l'encre grasse; 1877. 4 fr. 50 c.

†VIDAL (Léon). — Traité pratique de Phototypie, ou *Impression à l'encre grasse sur une couche de gélatine.* In-18 jésus, avec belles figures sur bois dans le texte et spécimens; 1879.. 8 fr.

†VIDAL (Léon). — La Photographie appliquée aux arts industriels de reproduction. In-18 jésus, avec figures; 1880........................ 1 fr. 50 c.

†VIDAL (Léon). — Traité pratique de Photoglyptie avec et sans presse hydraulique. In-18 jésus, contenant 2 planches photoglyptiques hors texte et de nombreuses gravures dans le texte; 1881.............. (*Sous presse.*)

†VIDAL (Léon). — Calcul des temps de pose. 2e édition, complètement revue et modifiée. Obturateurs instantanés, Matériel du touriste, Procédés secs rapides, etc., avec gravures dans le texte.................... (*Sous presse.*)

TOPOGRAPHIE, GÉODÉSIE ET ARPENTAGE.

BONNEVIE, ancien Géomètre de première classe du cadastre, Géomètre expert.—Application de la Tétragonométrie au lever des plans parcellaires. In-8, avec 3 planches; 1878.. 3 fr.

BRETON DE CHAMP. — Traité du lever des plans et de l'arpentage. Vol. in-8, avec 9 planches gravées sur cuivre; 1865............ 7 fr. 50 c.

BRETON DE CHAMP.—Traité du nivellement. 3e éd. In-8; 1873. 6 fr.

D'ABBADIE (A.), Membre de l'Institut. — Géodésie d'Éthiopie, ou Triangulation d'une partie de la haute Éthiopie, exécutée selon des méthodes nouvelles, par *A. d'Abbadie;* vérifiée et rédigée par *R. Radau.* Grand in-4 de XXXII-504 pages, avec 11 cartes et 10 planches; 1873............ ..... 30 fr.

†FRANCŒUR (L.-B.). — Traité de Géodésie, comprenant la Topographie, l'Arpentage, le Nivellement, la Géomorphie terrestre et astronomique, la Construction des Cartes, la Navigation, augmenté de Notes sur la mesure des bases, par M. *Hossard,* et d'une Note sur la méthode et les instruments d'observation employés dans les grandes opérations géodésiques ayant pour but la mesure des arcs de méridien et de parallèle terrestres, par M. le colonel *Perrier,* Membre de l'Institut et du Bureau des Longitudes. 6e édition. In-8, avec figures dans le texte et 11 planches; 1879....... 12 fr.

*LAUSSEDAT (A.), Capitaine du Génie. — Leçons sur l'art de lever les plans, comprenant les levers de terrain et de bâtiment, la pratique du nivellement ordinaire et le lever des courbes horizontales à l'aide des instruments les plus simples. In-4, avec 10 pl.; 1861................. 5 fr.

†LEFÈVRE. — Abrégé du nouveau traité de l'Arpentage, ou Guide pratique et mémoratif de l'Arpenteur, à l'usage des personnes qui n'ont point étudié la Géométrie. In-12, avec 18 planches, dont une coloriée...... 7 fr.

†LEHAGRE, Chef de bataillon du Génie. — Opérations trigonométriques; Lever de la triangulation; Nivellement. *Cours professé à l'École d'application de l'Artillerie et du Génie.* Grand in-8 jésus, avec 12 modèles de carnets pour l'enregistrement des observations, 8 types des divers calculs qui peuvent se présenter dans une triangulation et 12 grandes planches; 1880. 12 fr.

†MARIE.— Principes du Dessin et du Lavis de la Carte topographique, présentés d'une manière élémentaire et méthodique, et accompagnés de 9 modèles, dont 8 sont coloriés avec soin. 1 vol. in-4 oblong; 1825........... 15 fr.

†PUISSANT. — **Traité de Géodésie**, ou Exposition des méthodes trigonométriques et astronomiques, applicables, soit à la mesure de la Terre, soit à la confection du canevas des cartes et des plans topographiques. 3ᵉ édition, corrigée et augmentée. 2 vol. in-4, avec planches ; 1842. (*Rare*.)....... 80 fr.

†REGNAULT (J.-J.).—**Traité de Géométrie pratique et d'Arpentage**, comprenant les **Opérations graphiques** et de nombreuses **Applications aux Travaux de toute nature**, à l'usage des Ecoles professionnelles, des Ecoles normales primaires, des Employés des Ponts et Chaussées, des Agents voyers, etc. 2ᵉ édition, revue et augmentée. In-8, avec 14 pl. ; 1860...................... 5 fr.

***REGNAULT (J.-J.)**. — **Cours pratique d'Arpentage**, à l'usage des Instituteurs, des Élèves des Ecoles primaires, des Propriétaires et des Cultivateurs. In-18, sur jésus, avec figures dans le texte. 2ᵉ édit.; 1870. 1 fr. 50 c.
Ouvrage choisi en 1862 par le Ministre de l'Instruction publique pour les bibliothèques scolaires.

†THOREL, Géomètre de première classe du Cadastre du département de l'Oise.
— **Arpentage et Géodésie pratique**, Ouvrage dans lequel on peut apprendre le Système métrique, l'Arpentage, la Division des terres, la Trigonométrie rectiligne, le Levé des plans, la Gnomonique, etc. In-4, avec pl.; 1843. 4 fr.

TRAVAUX PUBLICS. — PONTS ET CHAUSSÉES.

BAUDUSSON. — **Le Rapporteur exact, ou Tables des cordes de chaque angle, depuis une minute jusqu'à cent quatre-vingts degrés, pour un rayon de mille parties égales.** In-18; 4ᵉ édition ; 1861.............. 2 fr.

†BENOIT (P.-M.-N.), l'un des cinq fondateurs de l'École Centrale des Arts et Manufactures. — **Guide du Meunier et du Constructeur de Moulins.** Iʳᵉ Partie : **Construction des Moulins.** IIᵉ Partie : **Meunerie.** 2 volumes in-8 de 900 pages, avec 22 planches contenant 638 figures; 1863...... 12 fr.

***CHORON (H.)**, Ingénieur des Ponts et Chaussées. — **Étude sur le régime général des chemins de fer.** Grand in-8 ; 1881..................... 3 fr.

†COMOY, Inspecteur général des Ponts et Chaussées en retraite, Commandeur de la Légion d'honneur. — **Étude pratique sur les marées fluviales et notamment sur le mascaret.** *Application aux travaux de la partie maritime des fleuves.* Grand in-8, avec figures dans le texte et 10 planches; 1881. 15 fr.

†DARCY. — **Recherches expérimentales relatives aux mouvements des eaux dans les tuyaux**, avec Tables relatives au débit des tuyaux de conduite. In-4, avec 12 planches; 1857.................................. 15 fr.

†ENDRÈS (E.), ancien Élève de l'Ecole Polytechnique, Inspecteur général honoraire des Ponts et Chaussées. — **Manuel du Conducteur des Ponts et Chaussées.** Ouvrage indispensable aux Conducteurs et Employés secondaires des Ponts et Chaussées et des Compagnies de Chemins de fer, aux Gardes-mines, aux Gardes et Sous-Officiers de l'Artillerie et du Génie, aux Agents voyers et aux Candidats à ces emplois. 6ᵉ édition, conforme au *Programme du 7 septembre* 1880. 3 volumes in-8............ 27 fr.

On vend séparément :
Tome I, Partie théorique, avec 386 fig. dans le texte ; et Tome II, Partie pratique, avec 301 fig. dans le texte et 4 planches. 2 vol. in-8; 1879-1880. 18 fr.
Tome III, Applications. Ce dernier Volume est consacré à l'exposition des doctrines spéciales qui se rattachent à l'*Art de l'Ingénieur* en général et au service des Ponts et Chaussées en particulier. In-8, avec nombreuses figures dans le texte, se vendant séparément. 1881......................... 9 fr.

†ENDRÈS (E.). — **Vade-mecum administratif de l'Entrepreneur des Ponts et Chaussées.** In-12; 1859............................ 3 fr. 50 c.

***FREYCINET (Ch. de)**. — **Des pentes économiques en chemins de fer.** *Recherches sur les dépenses des rampes.* In-8; 1861.................. 6 fr.

†GÉRARDIN (H.), Ingénieur en chef des Ponts et Chaussées.— **Théorie des moteurs hydrauliques.** Applications et travaux exécutés pour l'alimentation du canal de l'Aisne à la Marne par les machines. In-8, avec Atlas contenant 25 belles planches in-plano raisin; 1872........................ 20 fr.

†GIRARD (L.-D.), Ingénieur civil, prix de Mécanique de l'Institut de France.

— **Hydraulique. Utilisation de la force vive de l'eau appliquée à l'industrie.** In-4, avec Atlas de 13 planches in-folio; 1863.... .... 8 fr.
*Le prospectus détaillé des Ouvrages de L.-D. Girard est envoyé franco, sur
demande.*

†**ISSALÈNE,** Capitaine d'Infanterie. — **Manuel pratique militaire des
chemins de fer.** In-18 jésus, avec 43 figures dans le texte, gravées sur bois
par Dulos; 1873.. 2 fr. 50 c.

†**LA GOURNERIE** (de), Membre de l'Institut. — **Études économiques sur
l'exploitation des chemins de fer.** In-8; 1880 .... 4 fr. 50 c.

†**LALANNE** (Léon). — **Note sur l'emploi des méthodes de calcul graphique,** *pour la rédaction des projets que comporte le développement du réseau
des chemins de fer français.* In-4; 1880.............................. 60 c.

†**LEFORT** (F.), Ingénieur en chef des Ponts et Chaussées. — **Tables des surfaces de déblai et de remblai, des largeurs d'emprise et des longueurs des
talus,** relatives à un *chemin de fer à deux voies* ou à une *route de 10 mètres* de
largeur entre fossés, pour des cotes sur l'axe de 0^m à 15^m, et pour des déclivités
sur le profil transversal de 0^m à 0^m,25. Grand in-8, sur jésus; 1861.... 3 fr.
— **Tables** pour une *route de 8 mètres;* 1863............... .... 3 fr.
— **Tables** pour un *chemin de fer à une voie* ou une *route de 6 mètres,* etc. 3 fr.

†**LEFORT** (F.), Inspecteur général des Ponts et Chaussées. — **Sur les bases
des calculs de stabilité des ponts à tabliers métalliques.** Examen critique
des bases de calculs habituellement en usage pour apprécier la stabilité des
ponts à tabliers métalliques soutenus par des poutres droites prismatiques, et
propositions pour l'adoption de bases nouvelles. Ouvrage approuvé par l'Académie des Sciences, sur le Rapport de M. de Saint-Venant. In-4, avec
4 grandes planches; 1876............................. .... 4 fr.

†**MEISSAS** (N.), ancien Ingénieur du chemin de fer de Paris à Cherbourg. —
**Tables pour servir aux études et à l'exécution des Chemins de fer, ainsi
que dans tous les travaux où l'on fait usage du Cercle et de la Mesure des
Angles.** 2e éd. In-12 de 428 pages en tableaux, avec fig. dans le texte; 1867. 8 fr.
Cartonné................. 9 fr.

NAUDIER, Docteur en droit, Conseiller de préfecture de l'Aube. — **Traité
théorique et pratique de la législation et de la jurisprudence des mines,
des minières et des carrières.** Un fort volume in-8; 1877............ 10 fr.

†**NOURY.** — **Tarifs d'après le système métrique décimal pour cuber les
bois carrés en grume ou ronds, et tous les corps solides quelconques, ainsi
que les colis ou ballots, caisses,** etc. 3e édition. In-8; 1877. (*Approuvé par les
Ministres de l'Intérieur et de la Marine.*).......................... ... 4 fr.

ORTOLAN (J.-A.) — **Manuel du Mécanicien.** (*Voir* p. 24.)

†**PEAUCELLIER,** Lieutenant-Colonel du Génie.—**Mémoire sur les conditions
de stabilité des voûtes en berceau.** In-8 avec figures; 1875......... 2 fr.

PERRODIL (Gros de), Ingénieur en chef des Ponts et Chaussées. — **Résistance des voûtes et arcs métalliques, employés dans la construction des
ponts.** In-8, avec 2 grandes planches; 1879.................... ... 7 fr. 50 c.

†**PRÉFECTURE DE LA SEINE.**— Assainissement de la Seine.—**Épura-
tion et utilisation des eaux d'égout.** — 4 beaux volumes in-8 jésus; avec
17 planches, dont 10 en chromolithographie; 1876-1877............. 26 fr.
On vend séparément:
Les 3 premiers Volumes (*Documents administratifs.—Enquête.—Annexes*). 20 fr.
Le 4e Volume (*Documents anglais*)................................. 6 fr.

†**PRÉFECTURE DE LA SEINE.** — **Assainissement de la Seine.** — **Épuration et utilisation des eaux d'égout.** — Rapport de M. H. Vilmorin au nom
de la Commission d'études chargée d'étudier les *procédés de culture horticole
à l'aide des eaux d'égout.* In-8 jésus, avec pl.; 1878.............. 1 fr. 50

†**PRÉFECTURE DE LA SEINE.** — **Assainissement de la Seine.** — **Épuration et utilisation des eaux d'égout.** — Rapport de M. Orsat au nom de
la Commission d'études chargée d'étudier l'*influence exercée dans la presqu'île
de Gennevilliers par l'irrigation en eau d'égout sur la valeur vénale et locative des
terres de culture.* In-18 jésus avec 3 planches en chromolithographie; 1878. 3 fr.

†**WITH** (Émile), Ingénieur civil. — **Manuel aide-mémoire du Constructeur**

de travaux publics et de machines, comprenant le **Formulaire et les Données** d'expérience de la construction. 2ᵉ éd. In-12; 1861.   2 fr. 50 c.

(*Voir* précédemment, sous le titre *Mécanique appliquée et rationnelle*, les Ouvrages de MM. Bresse, Callon, Denfer, Ermel, Loyau, de Mastaing et Resal.)

GUERRE ET MARINE.

BELLANGER (C.-A.), Professeur d'Hydrographie. — **Petit Catéchisme de machine à vapeur,** à l'usage des candidats aux grades de la marine de commerce et de toutes les personnes qui veulent acquérir sur ce sujet des notions élémentaires. 3ᵉ éd. Petit in-8, avec Atlas de 6 planches; 1872......... 3 fr.

BERRY (C.), Lieutenant de vaisseau. — **Théorie complète des occultations.** (*voir* p. 26.) In-4; 1880... 6 fr.

BYRNE (Oliver).— **Treatise on Navigation and nautical Astronomy.** This Treatise supplies requirements long sought for, Namely, Tables in which each Number can be instantly tested, of easily and independently calculated. In-4, avec figures et nombreuses Tables; 1875............... 52 fr. 50 c.

CONSOLIN (B.), Professeur du Cours de Voilerie à Brest. — **Manuel du Voilier,** publié par ordre du Ministre de la Marine. Ouvrage approuvé pour l'instruction des Elèves de l'École Navale et pour celle des Voiliers des arsenaux. Grand in-8 sur jésus, de 528 pages et 11 planches; 1859.... 12 fr.

*CONSOLIN (B.). — **Méthode pratique de la coupe des voiles des navires et embarcations,** suivie de Tables graphiques facilitant les diverses opérations de la coupe, avec ou sans calcul. In-12, avec 3 planches; 1863.......... 3 fr.

*CONSOLIN (B.).— **L'art de voiler les embarcations,** suivi d'un Aide-Mémoire de Voilerie. In-12 avec une grande planche; 1866.................... 2 fr.

*D'ÉTROYAT (Ad.). — **De la carène du navire et de l'échelle de solidité.** In-4, avec 5 planches; 1855.. 4 fr.

*DISLERE (P.). — **La guerre d'escadre et la guerre de côtes.** (*Les nouveaux navires de combat.*) Un beau volume grand in-8, avec nombreuses figures gravées sur bois, dans le texte; 1876................................ 7 fr.

DISLERE (P.). — Les budgets maritimes de la France et de l'Angleterre (*Études de Statistique*). Grand in-8°; 1878.......................... 3 fr.

†**DUCOM. — Cours complet d'observations nautiques,** avec les notions nécessaires au Pilotage et au Cabotage, augmenté de la puissance des effets des ouragans, typhons, tornados des régions tropicales. 3ᵉ éd.; 1859. 1 vol. in-8. 12 fr.

FAYE (H.), Membre de l'Institut et du Bureau des Longitudes. — **Cours d'Astronomie nautique.** In-8, avec figures dans le texte; 1880....... 10 fr.

†**FOURNIER (F.-E.),** Lieutenant de vaisseau. — **Détermination immédiate de la déviation du compas par la nouvelle méthode des compas conjugués.** Grand in-8, avec figures; 1878.... .... 3 fr.

HOMMEY, Capitaine de frégate en retraite. — **Tables d'Angles horaires** 2 vol. grand in-8, en tableaux; 1862................................ 15 fr.

†**MARINE A L'EXPOSITION UNIVERSELLE DE 1878 (La)** — Ouvrage publié par ordre de M. le Ministre de la Marine et des Colonies. 2 beaux volumes grand in-8, avec 102 figures dans le texte, et 2 Atlas in-plano contenant 161 planches; 1879.................................... 80 fr.

MAYEVSKI (le Général), Membre du Comité de l'Artillerie russe. — **Traité de Balistique extérieure.** Grand in-8, avec planches et tableaux; 1872. 18 fr.

†**MÉMORIAL DE L'ARTILLERIE** ou **Recueil de Mémoires,** expériences, observations et procédés relatifs au service de l'Artillerie, *rédigé par les soins du* Comité d'Artillerie (n° VIII). In-8, avec Atlas cart. de 24 pl.; 1867. 12 fr.

MÉMORIAL DE L'OFFICIER DU GÉNIE, ou Recueil de Mémoires, Expériences, Observations et Procédés généraux propres à perfectionner la fortification et les constructions militaires, rédigé par les soins du Comité des Fortifications, avec nombreuses figures dans le texte et planches. Chaque volume à partir du **N° 21** se vend séparément.................. 7 fr. 50 c.

Les **Nᵒˢ 21** (1873). **22** (1874), **23** (1874), **24** (1875), **25** (1876) sont en vente. Pour recevoir franco, ajoutez **70 c.** par volume.

ORTOLAN (J.-A.), Mécanicien en chef de la marine. — **Mémorial du mé-**

canicien d'usine et de navigation. Calculs d'application ; Tables et tableaux de résultats pour la construction, les essais et la conduite des machines à vapeur. In-18 de 520 pages, avec plus de 200 figures dans le texte ; 1878   4 fr. 50c.
Cartonné..... 5 fr. 50 c.

†**PICARDAT** (A.), Capitaine du Génie. — **Les mines dans la guerre de campagne.** — *Exposé des divers procédés d'inflammation des Mines et des Pétards de rupture.* — *Emploi de préparations pyrotechniques et de l'Electricité.* In-18 jésus, avec 51 figures dans le texte ; 1874..................... 2 fr. 50 c.

VILLARCEAU (Yvon) et **AVED DE MAGNAC.** — **Nouvelle navigation astronomique.** (*Voir* p. 31.)

GÉOGRAPHIE ET HISTOIRE.

†**OGER** (F.), Professeur d'Histoire et de Géographie, Maître de Conférences au Collège Sainte-Barbe. — **Géographie de la France et Géographie générale, physique, militaire, historique, politique, administrative et statistique,** *rédigée conformément au Programme officiel,* à l'usage des candidats aux Écoles du Gouvernement et aux aspirants aux Baccalauréats ès Lettres et ès Sciences. 7ᵉ édit., mise au courant des derniers changements politiques et des plus récentes découvertes géographiques. In-8 ; 1880..................... 3 fr.
Cet Ouvrage correspond à l'Atlas de Géographie générale du même auteur.

†**OGER** (F.). — **Atlas de Géographie générale** à l'usage des Lycées, des Collèges, des Institutions préparatoires aux Écoles du Gouvernement et de tous les Établissements d'instruction publique. 10ᵉ édit. in-plano, cartonné, contenant 33 Cartes coloriées ; 1879 .... 14 fr.
Atlas Géographique et Historique à l'usage de la classe de **Quatrième.** 2ᵉ édition. Seize cartes coloriées..................... 8 fr. 50 c.
Atlas Géographique et Historique à l'usage de la **Classe de Cinquième.** Dix-huit cartes coloriées..................... .... 8 fr. 50 c.
Atlas Géographique et Historique à l'usage de la **Classe de Sixième.** Dix cartes coloriées.... .... 6 fr.
Atlas Géographique et Historique à l'usage des **Classes Élémentaires** (**9ᵉ**, **8ᵉ** et **7ᵉ**). Treize cartes coloriées..................... 6 fr.

†**OGER** (F.). — **Cours d'Histoire Générale** à l'usage des **Lycées,** des **Établissements d'Instruction publique,** des **Candidats aux écoles du Gouvernement et aux Baccalauréats,** rédigé conformément aux programmes officiels.
I. — *Histoire de l'Europe depuis l'invasion des Barbares jusqu'au* xivᵉ *siècle.* 2ᵉ édition ; 1875.. .... 3 fr. 50 c.
II. — *Histoire de l'Europe depuis le* xivᵉ *jusqu'au milieu du* xviiᵉ *siècle* 2ᵉ édition..................... 3 fr. 50 c.
III. — *Histoire de l'Europe de* 1610 à 1848. 3ᵉ édition ; 1875.... 6 fr. 50 c.
IV. — *Histoire de l'Europe* de 1610 à 1815 (Cours de Rhétorique). 2ᵉ édit,, 1875................. .... 7 fr. 50 c.

TISSOT (A.). Examinateur d'admission à l'École Polytechnique. — **Mémoire sur la représentation des surfaces et les projections des cartes géographiques,** suivi d'un *Complément* et de *Tableaux numériques* relatifs à la déformation produite par les divers systèmes de projection. In-8 ; 1881.. 9 fr.

OUVRAGES DIVERS.

†**BABINET**, de l'Institut, et **HOUSEL**. — **Calculs pratiques appliqués aux Sciences d'observation.** In-8, avec 75 figures dans le texte ; 1857... 6 fr.

BORDAS-DEMOULIN. — **Le Cartésianisme, ou la véritable rénovation des Sciences,** Ouvrage couronné par l'Institut : suivi de la *Théorie de la substance* et de celle *de l'infini.* 2ᵉ édition. In-8 ; 1874................ 8 fr.

BOUSSINESQ (J.). — **Conciliation du véritable déterminisme mécanique avec l'existence de la vie et de la liberté morale.** Mémoire physico-mathématique sur une importante question de Philosophie naturelle, précédé d'un Rapport à l'Académie des Sciences morales et politiques par M. Paul Janet, Membre de l'Institut. Un volume grand in-8 de 256 pages.......... 5 fr.

BOUSSINESQ (J.). — **Étude sur divers points de la philosophie des Sciences.** Grand in-8 ; 1879... 3 fr.

***CAUCHY** (le **Baron Aug.**), Membre de l'Académie des Sciences, sa vie et ses travaux, par C.-A. VALSON, Professeur à la Faculté des Sciences de Grenoble, avec une Préface de M. HERMITE. 2 vol. in-8 ; 1868............ 8 **fr.**

CHATIN (**Joannès**), Professeur agrégé à l'École supérieure de Pharmacie. — **Contributions expérimentales à l'étude de la chromatopsie chez les Batraciens, les Crustacés et les Insectes.** Grand in-8; 1881........... 2 fr.

†**COMBEROUSSE** (**Ch.** de), Ingénieur civil, Professeur, de Mécanique à l'École Centrale, Ancien Élève et Membre du Conseil de l'École. — **Histoire de l'École Centrale des Arts et Manufactures, depuis sa fondation jusqu'à ce jour.** Un beau volume grand in-8, orné de 4 planches à l'eau-forte, tirées sur chine; 1879.. 12 fr.

DURUTTE (le comte **C.**), Compositeur, ancien Élève de l'École Polytechnique. — **Esthétique musicale. Résumé élémentaire de la Technie harmonique et Complément de cette Technie,** suivi de l'*Exposé de la loi de l'enchaînement dans la mélodie, dans l'harmonie et dans leur concours,* et précédé d'une *Lettre de M.* CH. GOUNOD, *Membre de l'Institut.* Un beau volume in-8 ; 1876.. 10 fr.

***LE TELLIER** (le D^r **Ed.**). — **Nouveau système de Sténographie.** In-8 raisin, avec 37 planches; 1869.............................. 2 fr. 50 c.

†**MILNE EDWARDS,** Membre de l'Institut, doyen de la Faculté des Sciences, Président de l'Association scientifique de France. — **Nouvelles Causeries scientifiques,** ou *Notes adressées aux Membres de l'Association à l'occasion de l'Exposition internationale de* 1878. In-8 ; 1880. (Se vend au profit de l'Association.)... 6 fr.

MOIGNO (l'Abbé) — **Le Progrès pour tous. Annuaire du** ΚΟΣΜΟΣ-LES-MONDES **pour 1881.** Revue du progrès scientifique en 1879-1880; avec la collaboration de M. l'Abbé H. VALETTE. In-18 jésus, avec figures dans le texte; 1881.................................... 3 fr. 50 c.

MOUCHOT, Professeur au Lycée de Tours. — **La réforme cartésienne étendue aux diverses branches des Mathématiques.** Grand in-8;1876. 5 fr.

PASTEUR (**L.**), Membre de l'Institut. — **Études sur la maladie des vers à soie,** *moyen pratique assuré de la combattre et d'en prévenir le retour.* 2 beaux volumes grand in-8, avec figures dans le texte et 37 planches ; 1870.. 20 fr.

    Pour recevoir franco, dans tous les pays faisant partie de l'Union postale, les 2 volumes soigneusement emballés entre cartons, ajouter 1 fr.

PASTEUR (**L.**), Membre de l'Institut. — *Voir* p. 35.

†**ROMAN** (**L.**). — **Manuel du magnanier,** précédé d'une dédicace à M. *Pasteur.* Un beau volume in-18 jésus, avec nombreuses figures ombrées dans le texte e. 6 planches en couleurs ; 1877.............................. 4 fr. 50 c.

ROUIS, Médecin principal d'armée. — **Recherches sur la transmission du son dans l'oreille humaine.** In-4, avec figures; 1877............... 8 fr.

SELLE (**Albert** de), Professeur à l'École Centrale. — **Cours de Minéralogie et de Géologie** (T. I: *Phénomènes actuels, Minéralogie*). Grand in-8, avec un Atlas de 147 planches lithographiées; 1878...................... 25 fr.

(Mars 1881.)

grand. Après avoir exposé divers théorèmes fondamentaux sur la continuité des fonctions, et défini les infiniment petits des divers ordres, l'auteur, à l'exemple de son ancien maître, Duhamel, établit les deux théorèmes sur la substitution des infiniment petits dans la recherche des limites de rapports ou de sommes, théorèmes qui forment la base de tout le Calcul infinitésimal.

Le Chapitre II renferme les applications des principes précédents : définition de la dérivée, introduite soit par la considération du problème des tangentes, soit par celle de la vitesse; notation des différentielles. L'auteur a conservé la définition de la différentielle comme représentant soit l'accroissement infiniment petit de la variable, indépendante ou non, soit ce même accroissement altéré d'une fraction infiniment petite de lui-même, ce qui ne change en rien les limites de rapports ou de sommes. Cette définition, adoptée d'abord, puis abandonnée par Duhamel, a l'immense avantage d'habituer les commençants à raisonner directement sur les quantités infiniment petites, sans se relâcher d'une complète rigueur; elle permet ainsi d'employer en toute sûreté les démonstrations synthétiques dans les questions de Géométrie et de Mécanique, et de traduire immédiatement en constructions géométriques les expressions différentielles que l'on veut étudier. D'ailleurs, les critiques qui ont pu être adressées à cette définition n'ont pas autant d'importance qu'on pourrait le croire; il ne s'agit pas ici des principes, qui sont toujours les mêmes, mais de la convenance qu'il peut y avoir à désigner par le mot *différentielle* toute une catégorie de quantités pouvant se remplacer mutuellement, ou une seule de ces quantités.

M. Hoüel, suivant l'exemple donné par Cournot et auquel les auteurs modernes tendent de plus en plus à se conformer, a supprimé la division absolue du Calcul infinitésimal en *Calcul différentiel* et *Calcul intégral*, les deux opérations, inverses l'une de l'autre, de la différentiation et de l'intégration pouvant dès le début se porter un secours mutuel, parfois indispensable.

Dans ce Chapitre sont traitées les questions suivantes : propriétés des dérivées; théorème fondamental sur la valeur moyenne de la dérivée; différentielle totale d'une fonction d'un nombre quelconque de variables; intégrales définies et indéfinies; différentiation et intégration des fonctions élémentaires; dérivées d'ordre quelconque; leur calcul direct; leur expression au moyen des différentielles des divers ordres; changement de variables; différentielles et dérivées partielles d'ordre quelconque; déterminants fonctionnels.

Livre II : *Applications analytiques du Calcul infinitésimal.* — Le Chapitre I contient les développements en séries au moyen des théorèmes de Taylor et de Maclaurin. Un paragraphe est consacré à la définition des fonctions exponentielles et circulaires d'une variable complexe et de leurs fonctions inverses.

Le Chapitre suivant donne les applications de la différentiation à la recherche des vraies valeurs des expressions indéterminées, à la théorie des maxima et minima, et à la décomposition des fonctions rationnelles en fractions simples.

Le dernier Chapitre traite des méthodes pour l'intégration des fonctions explicites : remarques sur le passage des intégrales indéfinies aux intégrales définies; différentiation sous le signe $\int$; intégrales multiples; changement de variables dans ces intégrales; calcul des intégrales définies; intégrales eulériennes; calcul approché des intégrales définies, d'après une méthode fondée sur l'étude des fonctions de Bernoulli.

Telles sont les matières contenues dans le Tome I. Le Tome II comprend le Livre III et les quatre premiers Chapitres du Livre IV.

Livre III : *Applications géométriques du Calcul infinitésimal.*

Chapitre I : Applications du Calcul différentiel aux courbes planes. — Le dernier paragraphe contient une exposition des principes du Calcul des équipollences de Bellavitis, avec de nombreux exemples.

Chapitre II : Applications du Calcul différentiel aux courbes non planes et aux surfaces.

Chapitre III : Applications de l'intégration au calcul des aires, des volumes, des centres de gravité, etc.

Livre IV : *Théorie des équations différentielles à une seule variable indépendante.*

Chapitre I : Considérations préliminaires sur la formation des équations différentielles par l'élimination des constantes arbitraires. Démonstration du théorème de Cauchy, qu'*une équation différentielle d'ordre quelconque n entre deux variables admet une intégrale générale contenant n constantes arbitraires distinctes.*

Chapitre II : Intégration des équations différentielles du premier ordre. Solutions singulières; méthode inédite de P.-H. Blanchet pour distinguer les solutions singulières des intégrales particulières.

Chapitre III : Cas où une équation différentielle d'ordre quelconque peut s'intégrer complètement par les quadratures, ou du moins se ramener à une équation différentielle d'ordre inférieur.

Dans le *Chapitre IV*, la théorie générale des équations différentielles linéaires est traitée avec tout le développement que peut comporter un Cours élémentaire. Si l'auteur s'est abstenu d'aborder les nouvelles théories, fondées sur des parties de l'Analyse plus élevées que celles qui rentrent dans son programme, il a du moins exposé les questions du domaine des éléments avec tous les détails nécessaires, en simplifiant considérablement les calculs par l'introduction des symboles d'opérations, dont les géomètres anglais ont tiré si grand parti.

La fin du Chapitre présente un aperçu de la méthode de Laplace pour l'intégration des équations linéaires au moyen des intégrales définies.

Le *Chapitre V*, avec lequel commence le Tome III, est consacré à l'étude des systèmes d'équations différentielles simultanées, et particulièrement des systèmes d'équations linéaires, où l'usage des symboles d'opérations est encore du plus grand secours.

Le *Chapitre VI* contient les premiers éléments du Calcul des variations, restreints au cas d'une seule variable indépendante.

Livre V : *Équations différentielles à plusieurs variables indépendantes.*

Le *Chapitre I* traite des équations aux différentielles totales du premier ordre et du premier degré à deux variables indépendantes.

Le *Chapitre II* a pour objet la théorie des équations aux dérivées partielles. Après avoir étudié la formation des équations linéaires aux dérivées partielles par l'élimination des fonctions arbitraires, en prenant pour exemples les équations des principales familles de surfaces, l'auteur indique la formation des équations non linéaires comme une extension de la recherche des surfaces enveloppes. Il expose ensuite les procédés d'intégration pour les équations linéaires du premier ordre en général, pour les équations non linéaires à deux variables indépendantes et pour certaines équations linéaires d'ordres supérieurs.

Chacun de ces cinq premiers Livres est suivi d'un recueil d'énoncés d'exercices sur les matières traitées dans ce Livre. C'est à dessein que l'auteur n'a pas ajouté les solutions aux énoncés, malgré les avantages que peut avoir cette addition. D'abord, outre les excellents Recueils de MM. Frenet et Tisserand, il existe, en Allemagne et en Angleterre, de nombreuses collections de problèmes sur la haute Analyse, où les solutions sont plus ou moins développées, et que l'on peut consulter au besoin. D'autre part, la présence de la solution sous les yeux de l'étudiant détruit souvent tout l'intérêt du problème et favorise une certaine paresse involontaire. Dans la plupart des cas, on peut suppléer avantageusement à l'indication de la solution par une vérification au moyen d'un calcul inverse, ce qui constitue un second exercice, souvent aussi fructueux que le premier.

Le Livre VI, qui termine l'Ouvrage, contient les *Éléments de la théorie des fonctions de variables complexes,* avec des applications à la *Théorie des fonctions elliptiques.*

Le *Chapitre I* traite de la théorie des fonctions uniformes, fondée par Cauchy et exposée, sous une forme simplifiée, dans les Ouvrages de Riemann, de Durège, de Neumann, de Hankel : caractères des fonctions synectiques; leur représentation sur la sphère et sur le plan antipode; intégrales le long d'un contour; intégrales autour d'un point (résidus); généralisations du théorème de Taylor par Cauchy et par P. Laurent; étude d'une fonction uniforme autour d'un zéro ou d'un infini; développement d'une fonction qui a un nombre limité d'infinis dans une aire donnée.

Dans le *Chapitre II*, l'auteur donne les principales applications des théories précédentes : extension du théorème de Sturm aux racines complexes des équations algébriques; développement des fonctions synectiques en séries périodiques; série de Fourier (son étude est placée ici pour faire bien ressortir la différence de nature de cette question et de la précédente, malgré la ressemblance de forme des deux développements); séries de Bürmann et de Lagrange; développements en séries de fractions simples et en produits infinis; calcul des intégrales définies.

Le *Chapitre III* donne la théorie des fonctions multiformes et des intégrales multiformes, et en particulier des intégrales à périodes, en prenant pour exemples les intégrales logarithmiques, circulaires et elliptiques.

Le quatrième et dernier *Chapitre* constitue un Traité élémentaire des fonctions elliptiques. Dans les deux premiers paragraphes, l'auteur explique comment on réduit aux formes normales de Legendre toute intégrale portant sur une fonction rationnelle d'une variable x et de la racine carrée d'un polynôme du troisième ou du quatrième degré en x, et il établit les principales propriétés des fonctions elliptiques qui se déduisent du théorème d'addition d'Euler. Il expose ensuite, d'après les méthodes de MM. Briot et Bouquet (*Théorie des fonctions doublement périodiques,* 1859), les divers modes de développement des fonctions elliptiques, en séries de fractions simples, en produits infinis, en séries périodiques, et fait connaître les principales propriétés des fonctions ϑ. Après avoir démontré la transformation de Landen, il en indique l'usage pour le calcul numérique des intégrales elliptiques.

Les deux paragraphes suivants contiennent les propriétés les plus simples des intégrales de deuxième et de troisième espèce, et l'Ouvrage est terminé par des Tables abrégées des valeurs des fonctions elliptiques, avec une instruction sur leur usage.

D'après cet aperçu, nécessairement incomplet, on peut aisément reconnaître que toutes les matières exigées par les programmes de la Licence et de l'Agrégation pour les Sciences mathématiques s'y trouvent traitées avec détail, en tenant compte de tous les perfectionnements apportés dans ces derniers temps aux méthodes d'enseignement. Grâce à des explications claires et détaillées, aux nombreux exemples développés, au choix scrupuleux des notations les plus simples et les plus expressives, grâce surtout aux soins apportés à la rigueur des raisonnements, les lecteurs trouveront dans cet Ouvrage un guide commode et sûr pour l'étude des éléments de l'Analyse et une excellente préparation pour aborder les théories plus élevées des Mathématiques.

6959   Paris. — Imprimerie de GAUTHIER-VILLARS, quai des Augustins, 55.

www.ingramcontent.com/pod-product-compliance
Ingram Content Group UK Ltd.
Pitfield, Milton Keynes, MK11 3LW, UK
UKHW020157130726
13696UKWH00002B/559